Albert ALOMBA A.

INTRODUÇÃO À GEOLOGIA

Albert ALOMBA A.

INTRODUÇÃO À GEOLOGIA

Para estudantes de ciências humanas

ScienciaScripts

Cover image: www.ingimage.com

This book is a translation from the original published under ISBN 978-620-6-72423-0.

Publisher:
Sciencia Scripts
is a trademark of
Dodo Books Indian Ocean Ltd. and OmniScriptum S.R.L publishing group

120 High Road, East Finchley, London, N2 9ED, United Kingdom
Str. Armeneasca 28/1, office 1, Chisinau MD-2012, Republic of Moldova, Europe
Printed at: see last page
ISBN: 978-620-8-23778-3

Conteúdo

DO MESMO AUTOR

^{eme}Biologia celular para o 3 ano de humanidades científicas
Abordagem da variabilidade biológica para os alunos do sexto ano do nível avançado
^{ere}Química para o 1.º ano de humanidades científicas
^{eme}Química para o 3 ano de humanidades científicas
^{eme}Química para o 4 ano de humanidades científicas
Ecologia para estudantes de ciências e humanidades
^{eme}Evolução dos seres vivos para o 4 ano de ciências humanas
Introdução à taxonomia para estudantes de ciências e humanidades
População e recursos naturais para o sexto nível avançado
Revisão da fisiologia vegetal para estudantes de nível sénior e avançado
^{eme}SVT para o 3 ano científico das ciências humanas
^{eme}SVT para o 4 ano científico das ciências humanas
SVT para o ensino básico de grau 8
^{eme}SVT para o 7º ano do ensino básico
Exercícios práticos de biologia para estudantes de ciências e humanidades

PREÂMBULO

Este livro, intitulado *Introdução à Geologia*, destina-se aos estudantes de humanidades da secção científica da República Democrática do Congo.

O livro abrange uma vasta gama de temas, incluindo a Terra no sistema solar, terramotos, vulcões, os recursos geológicos da República Democrática do Congo, solos, rochas, escalas geológicas e um pouco de paleontologia humana.

O livro cobre todos os capítulos da geologia, desde o primeiro ano de ciências até ao quarto ano de ciências. E fá-lo em consonância com os conhecimentos essenciais previstos no novo programa de Ciências da Vida e da Terra atualmente em vigor no nosso país.

Dado que a alteração do programa de biologia para Ciências da Vida e da Terra não é rapidamente acompanhada e apoiada por novos manuais adaptados, a publicação deste livro permitirá que os alunos da secção de ciências se preparem bem para os exames estatais e que os professores de SVT o utilizem para preparar as suas aulas.

Pensamos que os alunos da secção de ciências farão bom uso dele. As vossas opiniões e sugestões são bem-vindas.

Albert ALOMBA A.

Dedicamos este livro a si, Papa **Paul OTEPA w' OMEDJELA**.

INTRODUÇÃO

A geologia é a ciência da Terra. Interessa-se particularmente pela crosta terrestre através dos seus componentes, da sua história e da sua evolução.

Abrange vários domínios, sendo os principais *a mineralogia* (o estudo dos minerais), *a paleontologia* (o estudo dos fósseis), *a sedimentologia* (o estudo dos depósitos sedimentares), *a petrologia* (o estudo das rochas), *a geomorfologia* (o estudo das formas de relevo), *a geoquímica* (o estudo da química das rochas) e *a tectónica* (o estudo da deformação da crosta terrestre).

Inclui também domínios específicos estreitamente relacionados com os anteriores, tais como *a vulcanologia* e *a sismologia*, os riscos ambientais naturais e de origem humana (poluição dos solos e das águas subterrâneas, etc.) e *a hidrogeologia*.

Definições relacionadas: *cosmologia* (estudo da origem e da evolução do universo), *astronomia* (estudo das posições relativas, dos movimentos, da estrutura e da evolução dos astros) e *astrologia* (conjunto de crenças e práticas baseadas na interpretação da posição e dos movimentos dos astros, não sendo uma ciência, mas práticas metafísicas).

CAPÍTULO 1

A TERRA

1.1 A TERRA É UM PLANETA DO SISTEMA SOLAR

A Terra é um planeta do sistema solar. O Sol é uma estrela em torno da qual giram vários objectos (planetas e seus satélites, planetas anões, asteróides, cometas). Estes objectos variam em tamanho, composição química e atividade interna. Alguns planetas têm um invólucro gasoso ou líquido.

Um *planeta* é um corpo celeste de forma esférica, não luminoso em si mesmo, que orbita o Sol (ou uma estrela) e que eliminou qualquer corpo suscetível de se mover numa órbita próxima. Um *exoplaneta* está localizado fora do sistema solar.

Figura 1.1 *O sistema solar*

Os planetas do nosso sistema solar dividem-se em duas famílias: os planetas telúricos e os planetas gasosos.

Os *planetas telúricos* são : Mercúrio, Vénus, Terra e Marte. Têm uma superfície sólida e rochosa e são essencialmente constituídos por silicatos e ferro.

Os *planetas gasosos,* também conhecidos como planetas gigantes devido ao seu maior tamanho em comparação com os planetas terrestres, são : Júpiter, Saturno, Urano e Neptuno. São essencialmente constituídos por hidrogénio e hélio.

Uma nova categoria de planetas, designada *por planetas anões*, agrupa uma grande variedade de objectos no nosso universo ou sistema solar. Existem vários planetas anões conhecidos, como Ceres (na cintura de asteróides entre Marte e Júpiter) e Plutão, Eris, Haumea, Makemake ...

(na cintura de Kuiper), embora o seu número total não seja exatamente conhecido.
Plutão, anteriormente classificado como planeta, é considerado um planeta anão desde agosto de 2006.

Figura 1.2 *As cinturas de asteróides*

Os asteróides têm uma composição semelhante à dos planetas terrestres, mas são mais pequenos e de forma mais irregular. Foram registados vários milhares de asteróides.
A maioria evolui dentro de uma *cintura* entre as órbitas de Marte e Júpiter, enquanto outras, mais afastadas, formam a *cintura de Kuiper*, por vezes chamada cintura de Edgeworth-Kuiper, uma área do Sistema Solar que se estende para além da órbita de Neptuno, entre 30 e 55 unidades astronómicas (UA).
A cintura de Kuiper não deve ser confundida com a *nuvem de Oort*, uma zona que ainda é teórica e que se pensa estar mil vezes mais longe. Os objectos da cintura de Kuiper, juntamente com os objectos dispersos e quaisquer potenciais membros das **nuvens de Hills e Oort**, são coletivamente conhecidos como objectos trans-Neptunianos.

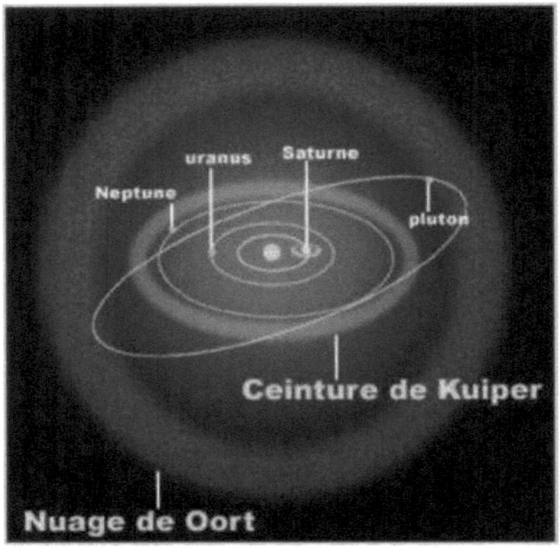

Figura 1.3 *A nuvem de Oort*

Os cometas são aglomerados de gelo (água congelada e gás) e poeira. Estão situados muito mais longe do Sol do que os planetas, pelo que podem desviar-se da sua trajetória e aproximar-se do Sol. Neste caso, parte do gelo vaporiza-se e o gás e a poeira formam a cauda.

A *Terra* tem uma superfície sólida. Este facto permitiu-lhe conservar os vestígios dos impactos dos meteoritos que a atingiram desde a sua formação. O carácter rochoso da sua superfície é sublinhado pela presença de vulcões, de cadeias montanhosas e de uma atividade geológica interna contínua. Estas caraterísticas são partilhadas por todos os planetas telúricos.

Eis alguns parâmetros da Terra: distância média do Sol: 149,6 milhões de km (= 1 UA), diâmetro equatorial: 12.757 km. Densidade: 5,52. Obliquidade do eixo de rotação em relação à eclítica: 23,4°, temperatura do solo: de -90° a +60°C e composição média: silicatos e ferro.

A *Lua* - a nossa Lua - é o satélite natural da Terra. Está localizada a 384 400 km da Terra e tem um diâmetro de 1 738 km, ou seja, um quarto da Terra. A superfície da lua, vista da Terra, tem dois aspectos distintos: áreas escuras chamadas *mares* e áreas mais claras chamadas *terras* ou *continentes*.

As terras ou continentes são as partes da Lua mais fortemente afectadas por meteoritos; observadas pela primeira vez por *Galileu* em 1610, as rochas foram datadas de cerca de 4,4 Ga. Os mares correspondem a superfícies rochosas de natureza basáltica, ligeiramente mais recentes e menos bombardeadas por meteoritos; de 3 a 4 Ga.

Em geral, foram identificados 220 satélites naturais chamados *luas*. Saturno tem 82 satélites naturais (Titã com a sua atmosfera densa, ventos, chuva e rios de metano), à frente de Júpiter, que tem 79 (Io, Europa, Ganimedes e Calisto, etc.). Urano tem 27 luas (Titânia, Oberon, Ariel, Umbriel, Miranda...), Neptuno tem 14 (Tritão, Nereide, Larissa, Hipocampe...), Marte tem 2 (Fobos e Deimos) e a Terra tem uma. A nossa chama-se simplesmente Lua. Mercúrio e Vénus são os únicos planetas do sistema solar que não têm lua.

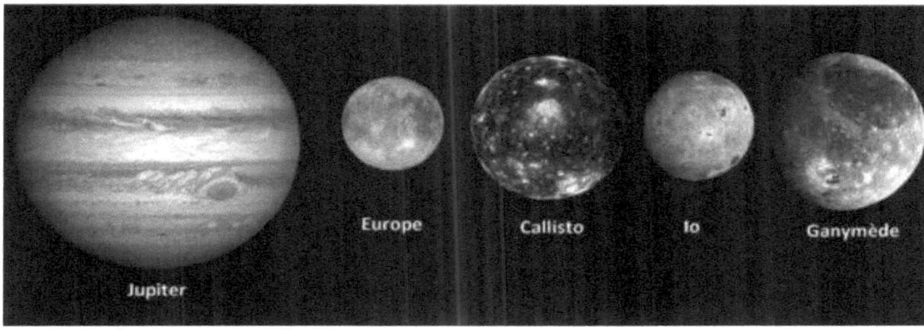

Figura 1.4 *As luas de Júpiter*

O *sistema plutoniano*, um componente do sistema solar exterior. É composto por : Plutão e Sharon, a sua lua principal, e 4 outros satélites muito mais pequenos: Styx, Nix, Kerberons e Hydra.

Uma *constelação* é um grupo de estrelas aparentemente próximas umas das outras a partir da Terra, e uma região do céu convencionalmente delineada que inclui este grupo de estrelas.

As 12 constelações do zodíaco (nomeadas pelos humanos a partir da terra) são: Carneiro, Touro, Gémeos, Cancro, Leão, Aquário, Balança, Escorpião, Sagitário, Capricórnio e Peixes.

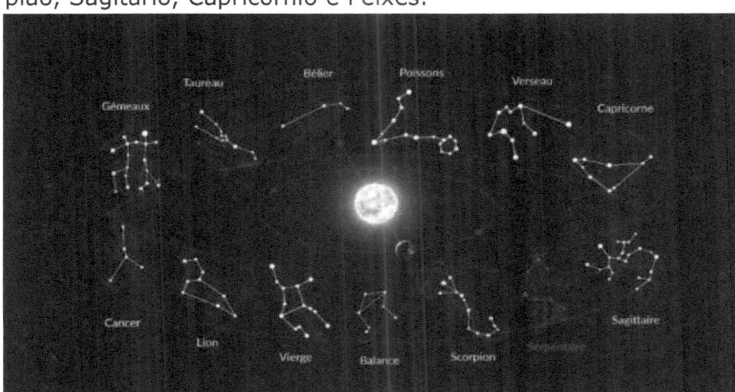

Figura 1.5 *Todas as constelações do zodíaco*

As galáxias são sistemas extensos constituídos por poeira e milhões de estrelas, todos unidos pela gravidade.

A Terra está situada na galáxia Via Láctea, que contém entre 200 e 400 mil milhões de estrelas, incluindo o Sol, e, segundo algumas fontes, mais de 100 mil milhões de planetas. A Via Láctea tem sido observada a olho nu desde o início dos tempos.

A Via Láctea, a Grande Nuvem de Magalhães, a Pequena Nuvem de Magalhães e a galáxia de Andrómeda são visíveis a olho nu.

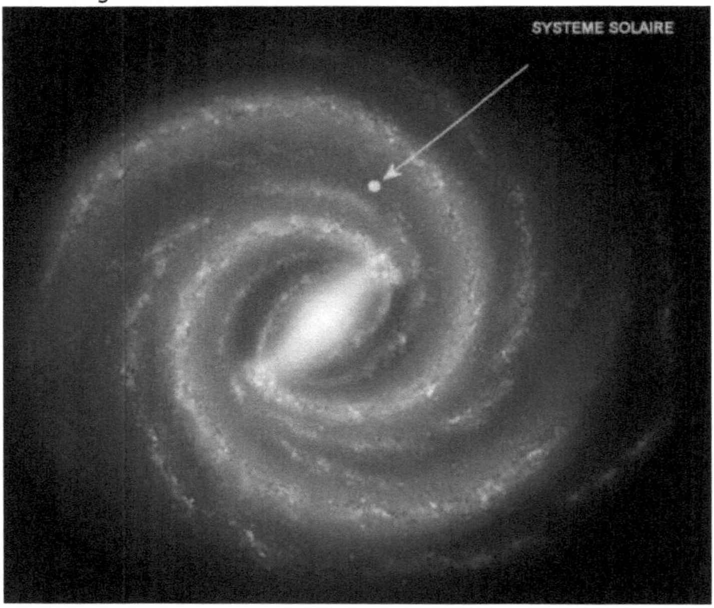

Figura 1.6 *A via lactea*

Quadro 1.1 *Planetas do sistema solar*

Planete	Mercure	Vénus	Terra	março	Júpiter	Saturno	Urano	Neptuno	Plutão
Distância Ao sol : - em milhões de km -em U.A. (unidades astronómicas)	de 46 a 69,8 de 0,307 a 0,466	108,21 0,723	149,6 1	227,94 1,524	778,34 5,203	1 426 9,555	2869,6 19,22	4 496 30,1	de 4.431 a 7 369 a partir de 29,55 a 49,25
Raio médio (km)	2 440	6 052	6 371	3 390	69 911	58 232	25 362	24 622	1 195
[24]Peso x10 kg	0,330	4,868	5,9736	0,642	1 898	568,5	86,83	102,43	0,012
Massa $/M_T$	0,055	0,815	1	0,107	318	95,2	14,5	17,1	0,002
Duração do dia sideral	58,65j	243,02j	23h56min	24,623h	9,925h	10,656h	17,240h	16,110h	6,4j
Dureede revolução em torno do sol	87,969j	224,701j	365,256j Ou 1 ano	686,980d Ou 1,88 anos	4 332,59j Ou 11,86 anos	10 759.2j Ou 29,46 anos de idade	30,688.5d Ou 84 anos de idade	60 182.3d Ou 164,8 anos	90.469,7d Ou 248,5 anos

1.2 ESTRUTURA DA TERRA

Cruzeiro terrestre de 0 й 150 km

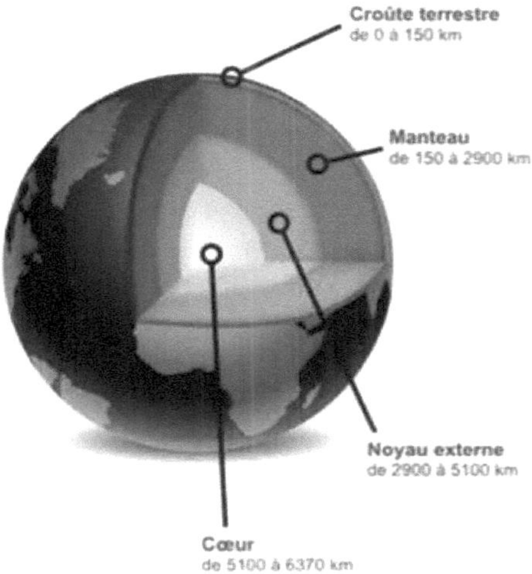

Figura 1.7 *A estrutura da Terra*

1.2.1 A ESTRUTURA INTERNA DO GLOBO TERRESTRE

A Terra é constituída por diferentes envelopes concêntricos com diferentes composições e diferentes comportamentos reológicos (reologia: estudo da deformação dos corpos).

a. Um envelope gasoso, a *atmosfera*.

Nos primeiros cinquenta quilómetros acima do solo, a atmosfera terrestre está estruturada em duas camadas. A troposfera estende-se desde a superfície do solo até à tropopausa, a uma altitude de cerca de dez quilómetros, onde a temperatura diminui com a altitude (até cerca de -55°C em direção à tropopausa).

A troposfera é relativamente pobre em ozono (o teor máximo de ozono nunca é superior a 1/1.000 do teor de CO_2) e contém vapor de água em proporções variáveis (alguns %). As massas de ar são animadas por grandes células convectivas.

Segue-se a estratosfera, desde a tropopausa até cerca de cinquenta quilómetros acima do nível do mar, onde começa a mesosfera. A base da mesosfera é varrida por fortes correntes de ar tangenciais, conhecidas como jactos, e absorve muito pouca radiação solar, pelo que a temperatura desce acentuadamente.

Acima dos 80 km de altitude, encontramos a termosfera, desta vez com um aumento acentuado da temperatura.

Muito mais longe, a cerca de 500 km de altitude, os raios solares decompõem as moléculas: é a ionosfera.

b. Um envelope líquido descontínuo, a *hidrosfera*.

c. A *crosta terrestre*, que pode ser continental ou oceânica.

A *crosta continental* tem uma densidade de 2,7 na sua parte superior e de 2,8 na sua parte inferior, e a sua composição média é próxima da do granito. A sua espessura é de cerca de 30 km, podendo atingir 60 a 70 km nas zonas orográficas (montanhas).

A *crosta oceânica* tem uma densidade de cerca de 3, é de composição basáltica e tem cerca de 7 km de espessura.

A crosta continental forma uma série de blocos que flutuam sobre o *manto* (mais denso) por meio de *um* mecanismo *de tipo hidrostático*. Qualquer relevo na crosta é, portanto, composto por uma raiz que se afunda no manto, como um icebergue no mar. Este equilíbrio hidrostático é designado por *isostasia*.

A *crosta oceânica* também repousa sobre o manto e também está em equilíbrio isostático com ele.

As diferenças de espessura e de densidade entre a crosta continental e a crosta oceânica fazem com que a superfície desta última seja, em média, cerca de 5000 metros mais baixa do que a dos continentes.

d. O *manto*, de composição *peridotítica* (uma rocha composta principalmente *por olivina*), compreende :

- Uma parte superior *sólida* (densidade 3,4). A crosta e a parte superior sólida do manto constituem a *litosfera*, que tem uma espessura de cerca de 100 km sob os oceanos e de 150 km sob os continentes.

A *descontinuidade de Mohorovicic, ou Moho,* separa a crosta da parte litosférica do manto.

Uma *descontinuidade* é uma fronteira entre duas formações rochosas com propriedades nitidamente diferentes. A litosfera está dividida em *placas*. Pode deformar-se plasticamente em profundidade.

- Uma parte inferior, não sólida (mas não líquida), a *astenosfera*, que pode fluir em profundidade, até cerca de 2.900 km.

A velocidade das ondas P ultrapassa os 13 km/s, altura em que a *descontinuidade de Gutenberg* marca a fronteira entre o manto e o núcleo exterior: trata-se de uma descontinuidade simultaneamente química e física (o manto inferior é sólido, enquanto o núcleo se comporta como um fluido, uma vez que não permite a propagação das ondas S).

O aumento da *densidade* do manto em profundidade corresponde a uma alteração da composição cristalina (e portanto mineralógica) dos compostos de peridotito que o constituem, sob a ação da pressão.

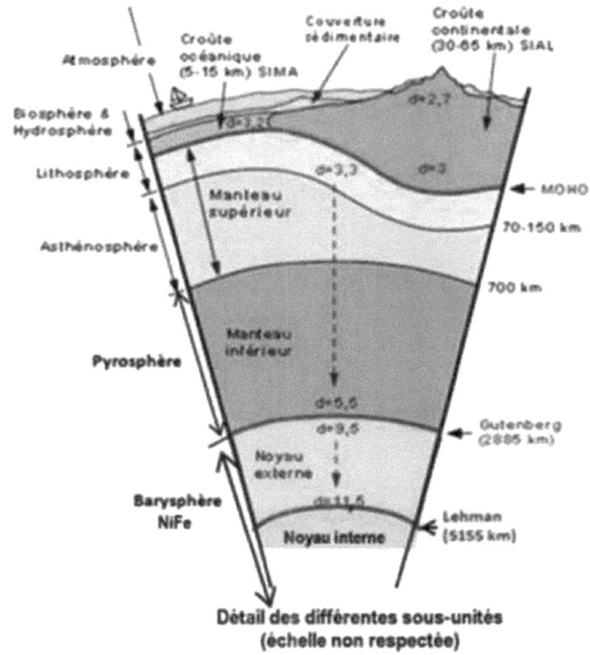

Figura 1.8 *Camadas da Terra*

e. O *núcleo externo, que é líquido e* composto principalmente por ferro, tem 2.900 a 5.100 km de comprimento e uma densidade de 9,8 a 12.

A *descontinuidade de Lehmann* separa o núcleo interno do núcleo externo: estas duas camadas do globo têm praticamente a mesma composição química, mas propriedades físicas diferentes (o núcleo interno é sólido, enquanto o núcleo externo é fluido).

f. O *núcleo interno*, ou *grão*, é *sólido*, feito de ferro e níquel, e estende-se 5.100 km para o centro da Terra, com uma densidade média ligeiramente superior a 12.

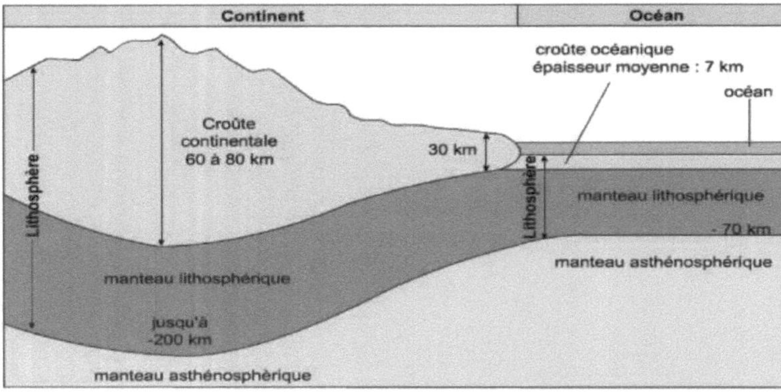

Figura 1.9 *A crosta terrestre*

1.2.2 A COMPOSIÇÃO DA CROSTA E DO MANTO

Milhares de análises químicas de crostas oceânicas e continentais foram efectuadas, fornecendo composições médias.

As análises do manto baseiam-se essencialmente nas poucas zonas de eflúvio na parte litosférica do manto e em fragmentos de rocha (enclaves) embebidos em magmas que têm origem na astenosfera e que sobem à superfície.

As rochas são os materiais constituintes da litosfera e a grande maioria delas é composta por um conjunto de minerais. Os minerais que constituem as rochas são essencialmente *silicatos* e *aluminossilicatos*, sendo *os carbonatos* um componente menor. Outros minerais são apenas constituintes incidentais ou ocasionais.

Silicatos e aluminossilicatos

Quartzo: SiO_2

Feldspatos: $KAlSi_3O_8$ (ortoclásio), $NaAlSi_3O_8$, $CaAl_2Si_2O_8$ (plagioclásio)

Micas (brancas e pretas): aluminossilicatos de K, Mg e Fe

Piroxénios: silicatos e aluminossilicatos de Ca, Mn, Na, K, Mg, Al, Fe

Anfibólios: o mesmo que os piroxénios + grupos OH^-

Olivinas: silicatos de Fe, Mg, Mn

Cloritos: o mesmo que micas pretas +OH^-

Minerais argilosos: hidratos de aluminossilicatos em que o Al pode ser substituído por Mg e Fe, por vezes por Na e K.

Carbonatos

Calcite: $CaCO_3$

Dolomite: $CaMg(CO_3)_2$

1.2.3 CLASSIFICAÇÃO DAS ROCHAS

As rochas são *classificadas* com base em caraterísticas descritivas (composição mineralógica, estrutura) e caraterísticas genéticas (como são formadas).

As *rochas* mais comuns dividem-se em :

- Rochas de origem *sedimentar*,
- Rochas de origem *magmática*,
- Rochas *metamórficas*: rochas sedimentares e magmáticas que foram transformadas pela ação da temperatura e da pressão.

Quadro 1.2 *Os principais minereaux*

Minéraux	Formes dans les roches	Couleur éclat	Lumière polarisée non analysée	Lumière polarisée analysée	Formule chimique
Quartz	 souvent irrégulière ou prisme bipyramidé	incolore, gris limpide éclat gras	incolore limpide	gris clair	SiO_2
Feldspath potassique (orthose)	 mâcle (1) de Carlsbad	blanc, blanc jaunâtre ou rosé aspect moiré	incolore plus ou moins trouble	blanc, gris ou noir	Si_3AlO_8K
Plagioclases Feldspaths calco-sodiques	 mâcle multiple	blanc, gris clair	incolore à gris	blanc, gris ou noir	**albite** (Si_3AlO_8) Na **anorthite** $(Si_2Al_2O_8)$ Ca entre les deux tous les intermédiaires existent
Feldspathoïdes	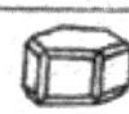 néphéline  fines stries leucite formes hexagonale ou cubique	incolore à grisâtre éclat vitreux	incolore	gris foncé	**néphéline** $(SiAlO_4)_4$ Na_3K **leucite** (Si_2AlO_6) K
Biotite (mica noir)	lamelles hexagonales ou bâtonnets 	brun foncé mordoré	brun foncé jaune clair	bleu, vert, jaune, rouge, atténué par sa couleur propre	$[(Si_3Al)O_{10}]$ $(FeMg)_3$ $K(OH)_2$
Muscovite (mica blanc)	clivages (2) fins et nets	incolore	incolore	bleu, vert, jaune teintes vives	$[(Si_3Al)O_{10}]$ Al_2 $K(OH)_2$
Pyroxène (augite)	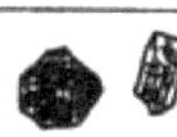 clivages à 87°	brun noir ou brun verdâtre	jaune pâle	jaune-orangé-rouge, atténué par la couleur propre	$(SiAlO_3)_2$ Ca (FeMgAl)
Amphibole (hornblende)	 clivage à 124°	teinte sombre verdâtre éclat vitreux	brun foncé vert jaunâtre	bleu, vert, jaune, rouge, atténué par la couleur propre	$(Si_6Al_2O_{22})$ $[(MgFe)_4$ $AlCa_2]$ Na (OH_2)
Péridot (olivine)	 plages craquelées	vert olive éclat vitreux	incolore limpide	teintes vives bleu, vert, jaune, rouge	SiO_4 $(MgFe)_2$

1. **Mâcle** : groupement de deux ou plusieurs cristaux de même espèce minérale orientés différemment l'un par rapport à l'autre.
2. **Clivage** : aptitude d'un minéral à se débiter en suivant des plans particuliers appelés **plans de clivage**. Ces plans sont souvent parallèles à des faces du cristal.

1. Meio*; agrupamento de dois ou mais cristais do mesmo espaçamento mineral que diferem entre si.

2- Qhrage: a capacidade de um nindral 4 se desviar em relação a planos particulares chamados planos de ctvage*. Estes planos* aparecem frequentemente como faces do cnsaf

1.3 A IDADE DA TERRA

Os astrofísicos *acreditam* que a história do nosso universo começou há *15 milhões de anos*, num ambiente muito quente e muito denso, com uma grande explosão, um *grande boom*, conhecido como *big bang*.

O modelo cosmológico do Big Bang afirma que o Universo era mais denso e quente no passado e está atualmente em expansão. Esta teoria surgiu pela primeira vez no gabinete do físico e matemático russo *Alexander Friedmann*, em 1922.

Alexander Friedmann
(1888 - 1925)

A teoria do Big Bang tenta explicar os primeiros instantes do Universo. Na sua forma atual, foi lançada pelo *Abade Georges Lemaitre*. Refere-se ao início da expansão do Universo, há cerca de 13,8 mil milhões de anos, quando o Universo era extremamente denso e quente.

Georges Lemaitre
(1894- 1966)

A rápida queda de temperatura que daí resultou levou à formação dos primeiros elementos químicos, essencialmente hidrogénio e um pouco de hélio. Esta matéria primordial aglomerou-se em aglomerados gigantescos, as galáxias do futuro.

Durante os 7 a 8 mil milhões de anos que precederam o aparecimento do nosso sistema solar, uma multidão de estrelas produziu todos os átomos e elementos químicos presentes no Universo, dispersando, de cada vez, quantidades colossais de gás e poeira numa explosão.

Há cerca de 4,55 mil milhões de anos, na nossa galáxia, a Via Láctea, uma tal explosão de supernova levou sem dúvida à formação de uma grande nuvem, a nebulosa pré-solar, que se condensou numa bola mais

quente: a estrela Sol.
Sob o efeito da radiação solar, os elementos voláteis da *nebulosa* (nuvem cósmica: hidrogénio e hélio) são forçados para a periferia do sistema solar. Os planetas gigantes nos limites do sistema solar (Júpiter, Saturno, etc.) aprisionaram estes gases.
A Terra adquiriu a sua dimensão atual há 4,44 mil milhões de anos. A reconstituição desta história foi possível graças ao estudo dos meteoritos (4,4 mil milhões de anos). A sua composição mineralógica corresponde a um conjunto de silicatos e ferro, os constituintes essenciais da Terra.
Para os astrofísicos, portanto, os meteoritos representam testemunhas, objectos que se aglomeraram na nebulosa solar durante a formação do sistema solar.

PERGUNTAS DE REVISÃO SOBRE O CAPÍTULO 1

1. Definir as seguintes ciências: geologia, mineralogia, sedimentologia, petrologia, geomorfologia, geoquímica, tectónica e hidrologia, astronomia, astrologia.
2. Explicar estes conceitos: sistema solar, planeta, planeta terrestre, planeta gasoso, planeta anão, asteroide, cintura de Kuiper, unidade astronómica, ano-luz, nuvem de Oort, cometa, lua, constelação, constelações do zodíaco, galáxia e exoplaneta.
3. Nomear os planetas do nosso sistema solar e as suas principais luas. Indicar as caraterísticas da nossa lua, da lua Europa e da lua Titã. Localizar os seguintes corpos celestes no nosso sistema solar: Ceres. Éris e Plutão.
4. Descrever as conchas interiores do globo terrestre.
5. O que é uma descontinuidade? Localize as duas principais descontinuidades na Terra.
6. Explicar o mecanismo de realização isostática ou simplesmente isostasia.
7. Utiliza um diagrama para descrever as partes da crosta terrestre.
8. O que é uma rocha? Dizer quais são os 3 tipos de minerais que constituem uma rocha.
9. Cite 10 minerais que podem ser usados para formar rochas na crosta terrestre.
10. Qual é a idade aproximada da Terra? Qual é a idade aproximada do nosso sistema solar? Explique a teoria do big-bang.

CAPÍTULO 2

O SEISMO

2.1 ONDAS SÍSMICAS

2.1.1 A origem das ondas

A origem dos sismos é quase sempre a mesma: uma rutura na rocha num ponto chamado *foco*, que se situa geralmente nos primeiros 100 km da camada exterior da terra.

Esta rutura ocorre numa *falha*, numa zona onde a crosta terrestre está sujeita a *tensões tectónicas* (movimento lento de dois blocos rígidos em relação um ao outro).

As forças acumulam-se; lentamente, as rochas deformam-se e partem-se, e os movimentos de fricção das falhas libertam subitamente energia, energia essa que é dissipada tanto sob a forma de *calor* como sob a forma de *ondas sísmicas* que se propagam em todas as direcções a partir do foco.

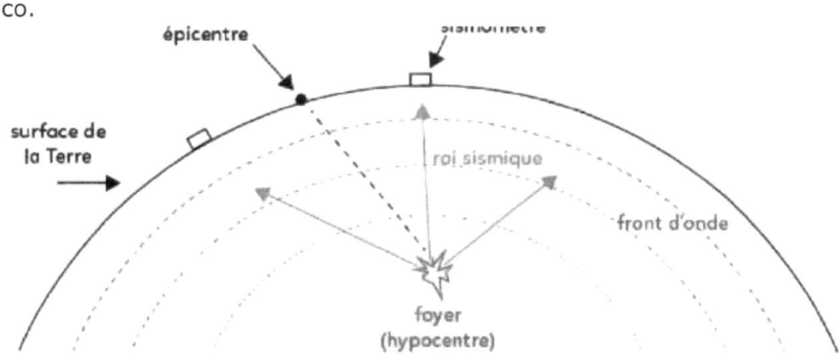

Figura 2.1 *Propagação de ondas sísmicas*

2.1.2 Escala de Richter

Historicamente, *a escala de Richter* foi uma das primeiras tentativas de avaliar numericamente a intensidade dos sismos, graças à magnitude de Richter, que mede a energia sísmica irradiada durante um sismo.

A *escala de Richter* é uma unidade para medir a força de um terramoto. Foi criada em 1935 pelo geólogo americano Charles Francis Richter.

Em princípio, a escala de Richter não tem limite máximo, mas os geólogos acreditam que a resistência máxima das rochas da terra impede que qualquer terramoto exceda 10.

O grau 1 corresponde aos abalos mais fracos, mal sentidos, enquanto o grau 12 exprime a destruição total da paisagem.

Tabela 2.1 *Escala de Richter*

Magnitude	Effets engendrés
9	Destruction totale à l'épicentre, et possible sur plusieurs milliers de km
8	Dégâts majeurs à l'épicentre, et sur plusieurs centaines de km
7	Importants dégâts à l'épicentre, secousse ressentie à plusieurs centaines de km
6	Dégâts à l'épicentre dont l'ampleur dépend de la qualité des constructions
5	Tremblement fortement ressenti, dommages mineurs près de l'épicentre
4	Secousse sensible, mais pas de dégâts
3	Seuil à partir duquel la secousse devient sensible pour la plupart des gens
2	Secousse ressentie uniquement par des gens au repos
1	Secousse imperceptible

Charles Francis Richter (1900-1985)

2.1.3 Sismógrafos

A maior parte dos *sismógrafos*, ou aparelhos de registo, são do tipo *pêndulo*, ou seja, constituídos por uma massa rígida suspensa por um fio ou por uma mola, consoante se pretenda registar tremores com uma grande componente horizontal ou vertical.

Quando um tremor abala o suporte e, por conseguinte, o cilindro de registo, a massa tende a permanecer imóvel em virtude da sua inércia.

Os sismógrafos actuais amplificam os movimentos do solo em cerca de 10.000 para as oscilações de longo período (20 s) e 400.000 para as oscilações de curto período.

Os movimentos do solo causados pela chegada de ondas sísmicas só podem ser conhecidos, em magnitude e direção, se estiverem relacionados com um sistema de três coordenadas ortogonais. Por conseguinte, é necessário utilizar três sismógrafos:

- Um sismógrafo horizontal orientado no sentido norte-sul,
- Um sismógrafo horizontal orientado no sentido este-oeste,
- Um sismógrafo vertical.

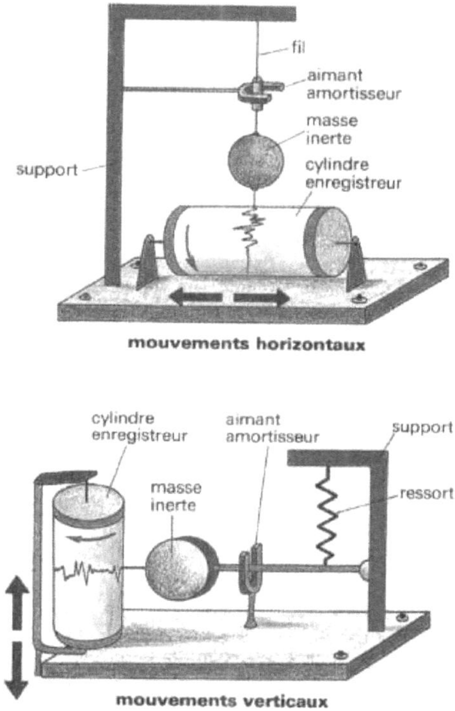

Figura 2.2 *Sismógrafos mecânicos*

2.1.4 Tipos de ondas sísmicas

O abalo da crosta terrestre provocado por um sismo reflecte-se no local de registo por um *traço* cuja *complexidade se* deve às inscrições sucessivas de ondas de *natureza diferente* que percorreram o globo, seguiram *trajectórias diferentes* e atravessaram, a *velocidades diferentes*, zonas com *propriedades físicas diferentes*.

Enquanto o choque inicial dura alguns *segundos*, a chegada das ondas resultantes pode *durar vários minutos* em sismógrafos situados a vários milhares de quilómetros de distância do *epicentro*, o ponto da superfície terrestre que se situa verticalmente acima do *foco* ou *hipocentro*, onde o abalo foi mais forte.

O estudo da propagação de ondas sísmicas refractadas tem dado um importante contributo para o conhecimento da *estrutura interna* da Terra. Através da análise das *trajectórias* das linhas sísmicas e *das velocidades* de propagação das ondas sísmicas, é possível identificar uma série de *descontinuidades* no interior da Terra.

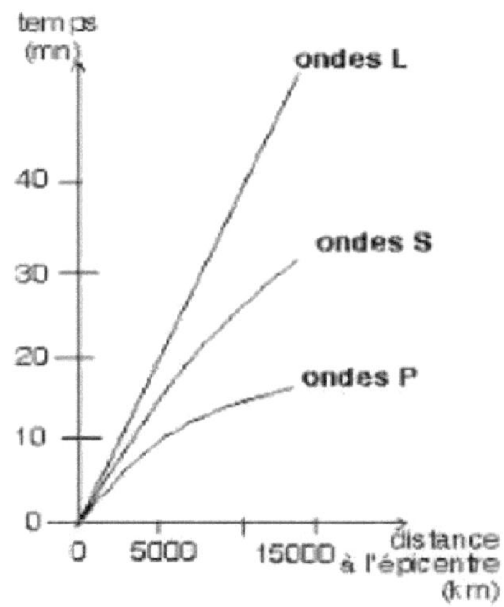

Figura 2.3 *As curvas de hodocron são independentes da localização do terramoto.*

Quando as ondas são registadas a uma distância suficiente do epicentro, podem ser facilmente identificados *três tipos de ondas*.

A. Ondas P

As ondas P ou *ondas primárias* são as ondas mais rápidas, as primeiras a serem registadas no sismógrafo. São ondas *de compressão* capazes de se propagar através de *sólidos* e *fluidos,* incluindo *a atmosfera*. As ondas P são responsáveis pelo estrondo abafado que se ouve no início de um terramoto.

B. Ondas S

As ondas S, ou *ondas secundárias*, são o segundo grupo de ondas e são transversais à direção de propagação. São transmitidas apenas por *sólidos*, uma vez que os líquidos não oferecem resistência ao cisalhamento.

C. Ondas L

As ondas L, ou *ondas longas*, formam um terceiro comboio. Distinguem-se das outras duas (P e S) pela sua *grande amplitude*. As ondas L deslocam-se apenas na *camada superficial do* globo.

2.2 A MOBILIDADE DA CROSTA TERRESTRE

A ideia da mobilidade vertical da crosta continental é aceite desde o século passado; a da mobilidade horizontal dos contentores foi formulada no início do século por *Alfred Wegener*.

Esta última teoria, há muito contestada por geólogos de todo o mundo, foi finalmente comprovada de forma irrefutável no final dos anos 50 pelo *paleomagnetismo* (o estudo dos registos do campo magnético da Terra no passado).

2.2.1 Mobilidade vertical

A. Isostasia

O exemplo mais espetacular de *mobilidade vertical da* crosta continental pode ser observado na *Escandinávia*:

- Os historiadores dizem-nos que, num século, o *Golfo de Bótnia* subiu 9 mm por ano;
- Os geólogos estão a descobrir que praias com 12.000 anos estão agora 400 m acima do nível do mar atual.

Os geólogos explicam estes fenómenos pelas diferenças de densidade e de consistência entre a crosta continental e as camadas subjacentes do globo.

Figura 2.4 *A costa alta do Golfo de Bótnia*

(Fonte: Viagens e Natureza no portal Overblog).

Durante o último milhão de anos, uma grande calota de gelo (representando uma massa considerável) cobriu a Escandinávia.

A litosfera, parte da qual é a crosta (densidade 2,7), foi incorporada na astenosfera, que tem uma certa fluidez e uma densidade de 3,3.
O degelo da calote começou há 12 000 anos e foi, à escala geológica, muito rápido. Como uma rolha a ser empurrada para dentro de um óleo altamente viscoso.
A Escandinávia começou então a subir, um processo que está atualmente quase concluído. Este *reequilíbrio* em função da *densidade* é designado por *reajustamento isostático*.

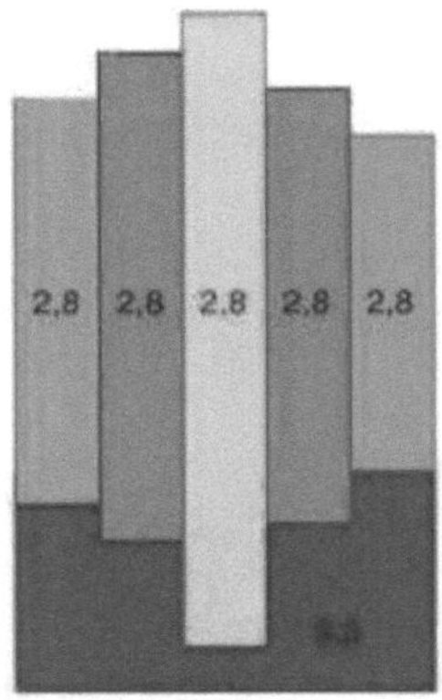

Figura 2.5 *Modelação da isostasia*

B. Subsidência
A *bacia carbonífera do* Norte de França é um exemplo notável de subsidência. Ao longo de uma profundidade de 3.500 m, acumularam-se formações de arenito e xisto com veios de carvão intercalados.
Uma observação mais pormenorizada mostra que, a certos níveis, os xistos e arenitos fósseis de água doce foram substituídos por camadas fósseis marinhas, pouco espessas (1 m no máximo) mas muito extensas.
Além disso, na base de cada camada de carvão, os restos de troncos de árvores da bacia carbonífera parecem estar no lugar, com as suas raízes a afundarem-se na camada estéril abaixo.
Como devemos interpretar estes factos, senão admitindo :
- Que todos estes sedimentos (detríticos ou de origem vegetal) se depositaram em lagoas costeiras que foram, em raras ocasiões, invadidas pelo mar;
- Que o fundo da bacia afundou à medida que os depósitos se acumulavam, o que explica a existência de uma espessura considerável de sedimentos que, no entanto, foram todos depositados sob uma camada de água pouco profunda.
Este fenómeno tectónico, que provoca um afundamento local da crosta terrestre, é designado por *subsidência*.

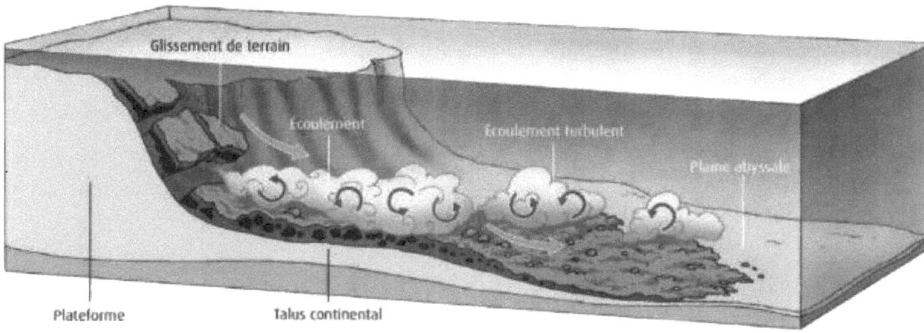

Figura 2.6 *Sedimentação e afundamento*

2.2.2 Mobilidade horizontal

Até à década de 1950, a maioria dos geólogos, com exceção de alguns precursores como o astrólogo e climatologista alemão Alfred Lothar Wegener, não aceitava que a crosta terrestre fosse horizontalmente móvel; pensavam que os continentes tinham estado imóveis desde a sua formação.

Alfred Lothar Wegener (1880-1930)

Acreditavam também que a crosta oceânica se mantinha inalterada porque, submersa, estava protegida da erosão.

Assim, o fundo do oceano, que recebeu os produtos da erosão continental desde a origem da Terra, deve ter contido sedimentos com vários *milhares de milhões de* anos.

A partir dos anos 60, uma verdadeira revolução nas *Ciências da Terra* revelou que os factos anteriores estavam *errados*:

- Os avanços no estudo do magnetismo das rochas fornecem provas irrefutáveis da *deriva continental*.
- Os progressos da oceanografia provam que a *crosta oceânica não é nem antiga* (230 milhões de anos, no máximo) *nem inerte* (porque está em constante movimento).

2.3 FORMAÇÃO DOS OCEANOS E DERIVA CONTINENTAL

2.3.1 A teoria de Wegener

A partir de 1912, *Alfred Wegener* desenvolveu a teoria da "*deriva continental*". Segundo esta teoria, os continentes "flutuam" sobre o manto, que tem uma densidade mais elevada, e são impulsionados por

movimentos de translação.
Em tempos, todos os continentes teriam estado unidos numa única massa terrestre, *a Pangeia*, e depois separaram-se.
A hipótese do movimento relativo entre continentes não era nova e já tinha sido discutida, nomeadamente por Darwin.

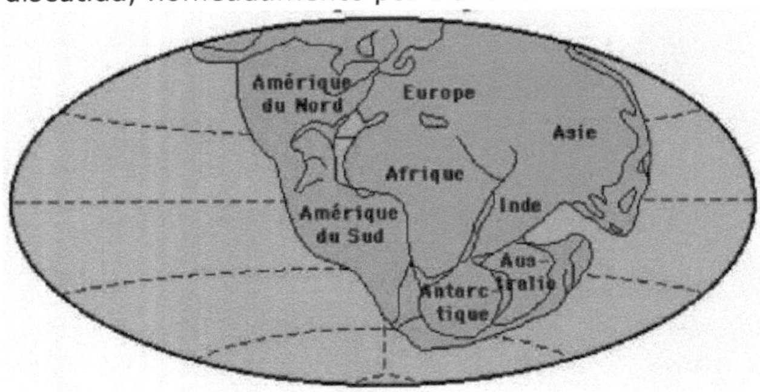

Figura 2.7 *A Pangeia de Wegener*

2.3.2 Argumentos de Wegener

Wegener apresentou uma série de argumentos, nomeadamente os seguintes:

- na concordância das costas dos dois lados do Atlântico, especialmente na América do Sul e em África, cujos contornos se encaixam quase perfeitamente (*evidência morfológica)*.
- sobre as semelhanças *paleontológicas* e *geológicas* entre o Brasil e a África do Sul.
- sobre a *flora específica* que existia durante o Permiano, ou seja, antes da rutura *da Pangeia*, na África do Sul, na América do Sul, na Índia, na Antárctida e na Austrália ("*Continente Gondwana*"), mas não no resto da Eurásia e na América do Norte ("*Continente Angara"*).
- sobre a continuidade que existe através do Atlântico entre as *antigas cadeias montanhosas* da América do Norte e da Europa.
- ou os diferentes *climas* registados pelos continentes ao longo do tempo geológico.

A teoria de Wegener encontrou uma maioria de detractores na comunidade geológica.

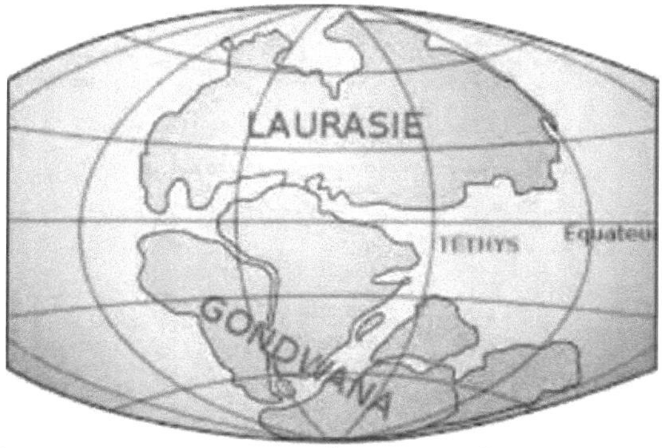

Figura 2.8 *Deriva continental, há 200 milhões de anos, no período Triássico. Laurásia a norte e Gondwana a sul.*

2.3.3 Campo de falhas da África Oriental

A África Oriental é o campo de falhas mais poderoso do mundo. Está dividida em duas partes principais: a norte, a zona em torno do *Mar Morto* e *do Lago Tiberíade*, prolongada pelo *Mar Vermelho* e pelo *Golfo de Aden*; a sul, a região *do Vale do Rift*, pontilhada de grandes lagos.

Estas *falhas* delimitam zonas de colapso, como o demonstra a *profundidade dos* grandes lagos (o fundo do *Tanganica* está a -700 m abaixo do nível do mar, o do Mar *Morto* a -800 m, sendo o nível superior das suas águas de -400 m).

Milhares de metros de sedimentos continentais, fluviais e lacustres acumularam-se nos *vales do rifte*, juntamente com produtos vulcânicos (escoadas lávicas e cinzas).

A presença de *vulcões* muito poderosos (o Kilimanjaro atinge 6.000 m, o Monte Quénia 5.200 m) e a existência de uma atividade sísmica significativa reflectem a intensa atividade desta zona continental.

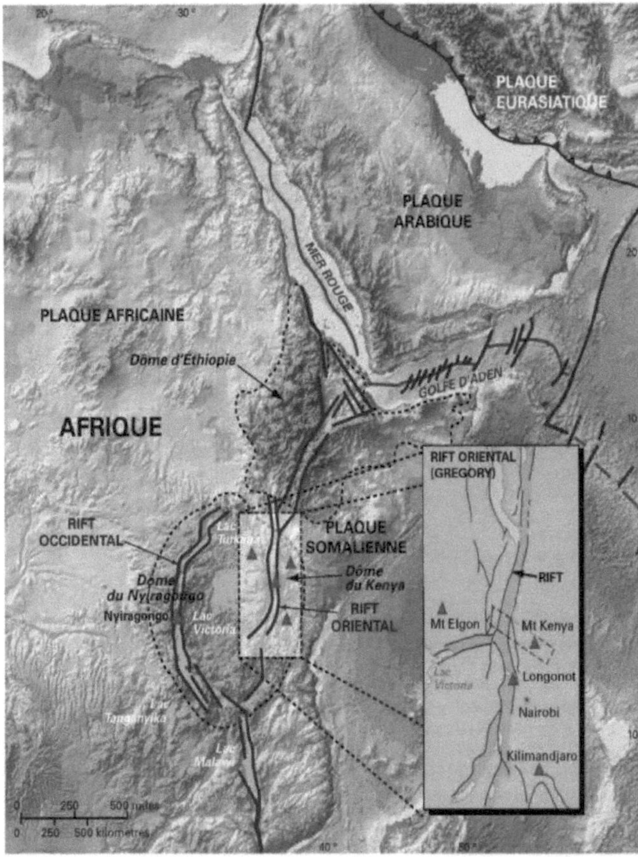

Figura 2.9 *O Rift da África Oriental (Fonte: Geophysics of the Rift-IRD Edition).*

A fracturação da crosta terrestre *que pode ser observada* ao nível das trincheiras de colapso deve-se a forças de distensão que tendem a separar dois blocos continentais.

Uma grande fissura que se estende por vários quilómetros apareceu recentemente no sudoeste do Quénia.

Figura 2.10 *A falha no Quénia (Fonte: Le Parisien).*

A fenda, que ainda está a crescer, provocou o colapso de parte da autoestrada Nairobi-Narok. A fenda foi originalmente causada pela atividade tectónica ao longo do Rift da África Oriental e existe o risco de se propagar até ao Zimbabué e dividir África em dois continentes.

O *Vale do Rift da África Oriental* estende-se por mais de 3.000 km desde o Golfo de Aden, a norte, até ao Zimbabué, a sul, dividindo a placa africana em duas partes desiguais: as placas Somali e Núbia.

A atividade ao longo do ramo oriental do Vale do Rift, que faz fronteira com a Etiópia, o Quénia e a Tanzânia, tornou-se evidente quando a grande fissura apareceu subitamente no sudoeste do Quénia.

A divisão é um processo muito lento, com uma velocidade média de 2,5 a 5 cm por ano, dividindo a África em dois continentes, sem que ninguém se aperceba.

E como explicação, a litosfera terrestre, formada pela crosta terrestre e pela parte superior do manto, está dividida em várias placas tectónicas.

Estas placas não são estáticas, mas movem-se umas em relação às outras a velocidades variáveis, "deslizando" sobre uma astenosfera viscosa. São estes movimentos tectónicos que estão provavelmente na origem desta falha.

Figura 2.11 *África está a dividir-se lentamente em dois continentes*

PERGUNTAS DE REVISÃO SOBRE O CAPÍTULO 2

1. Explicar a origem dos terramotos e das ondas sísmicas.
2. Defina os termos: epicentro de um sismo, foco ou hipocentro, sismómetro, sismógrafo, paleomagnetismo, Gondwana, Pangeia de Wegener, Laurásia, falha.
3. Qual a importância da escala de Richter?
4. Explicar a importância do estudo das ondas sísmicas.
5. Qual é a diferença entre isostasia e subsidência?
6. Descrever a teoria da deriva continental de Alfred Wegener.

CAPÍTULO 3

OS VOLCÃES

3.1 VULCANISMO, UMA CATÁSTROFE NATURAL

O vulcanismo é a causa de algumas das catástrofes naturais mais espectaculares do mundo. As recentes erupções vulcânicas causaram numerosas mortes, destruíram cidades, transformaram paisagens, alteraram o clima e deixaram uma marca duradoura na mente das pessoas.

Os riscos vulcânicos são significativos. Explosões violentas, fluxos de lava, nuvens incandescentes e plumas de cinzas são os atributos mais temidos dos vulcões. A formação dos vulcões e a sua evolução são fascinantes.

Geralmente situados no ponto de encontro das placas tectónicas, os vulcões entram por vezes em erupção, provocando terramotos, colapsos ou tsunamis. No entanto, as paisagens dos vulcões nunca deixam de nos intrigar, de tão invulgares e excepcionais que são.

3.2 OS VULCÕES MAIS PERIGOSOS DO MUNDO

Aqui estão os 15 vulcões temíveis que foram notícia nos últimos séculos, décadas, anos ou recentemente.

3.2.1 Monte Vesúvio (Itália)

O Vesúvio é um dos vulcões mais conhecidos do mundo... e um dos mais perigosos. Embora tenha sido responsável pelo soterramento da cidade de Pompeia em 79 a.C., foram registadas oito grandes erupções explosivas nos últimos 17 000 anos. A erupção mais recente ocorreu em 1944, com grandes fluxos piroclásticos nas encostas leste, norte e oeste da montanha. Cerca de dez mil pessoas das aldeias circundantes foram evacuadas. Atualmente, estima-se que vivam pelo menos seis milhões de pessoas na área circundante.

3.2.2 Monte Rainier (Estados Unidos)

O Monte Rainier é um dos turbulentos vulcões da cadeia de montanhas Cascade, na costa oeste da América. E é particularmente vigiado. Se ocorresse uma grande erupção, o gelo e a neve nos cumes misturar-se-iam com as rochas vulcânicas, formando um gigantesco fluxo de lama (lahar). Este fluxo rápido poderia soterrar várias cidades, incluindo a vizinha Tacoma e partes de Seattle. Mais de dois milhões de pessoas poderiam ser afectadas.

3.2.3 Novarupta (Estados Unidos)

Em 1912, o Parque Nacional Katmai (Alasca) foi palco da maior erupção do mundo no século XX. Quase trinta quilómetros cúbicos de cinzas e detritos foram expelidos para o ar, danificando o Vale das Dez Mil Fumaças... e deixando para trás o vulcão Novarupta - "nova erupção", em latim. Na altura, a região era pouco explorada. No entanto, se tal acontecimento se repetisse, muitas indústrias (aviação, pesca, turismo) e a vida selvagem seriam afectadas.

3.2.4 Pinatubo (Filipinas)

A seguir ao Monte Novarupta, o Pinatubo é responsável pela segunda maior erupção do século XX. Em 1991, o estratovulcão situado a oeste da ilha filipina de Lu^on produziu impressionantes fluxos piroclásticos, apesar de não ter qualquer historial de erupções explosivas. Pelo menos 722 pessoas morreram e uma caldeira preenche atualmente a parte superior do cone do vulcão. Atualmente, estima-se que 21 milhões de pessoas vivam num raio de 100 quilómetros do potencial perigo.

3.2.5 Monte Saint Helens (Estados Unidos)

A erupção do Monte St. Helens, em 18 de maio de 1980, na Cascade Range, foi a mais mortífera e destrutiva do país. Após um longo período de repouso e dois meses de atividade, responsável pela ocorrência de 10.000 sismos de intensidade variável, um enorme fluxo piroclástico dizimou a fauna e a flora das suas encostas num raio de 10 quilómetros e, por vezes, até 30 quilómetros de distância. Cinquenta e sete pessoas morreram. Atualmente, o vulcão é considerado adormecido, mas a sua atividade é vigiada de perto,

3.2.6 Agung ou Monte Agung (Indonésia)

As erupções explosivas do vulcão Agung, no centro da Indonésia, são raras mas bastante poderosas. Em 1963, a intensa atividade vulcânica durou mais de onze meses, produzindo quedas de cinzas e fluxos piroclásticos que causaram enormes danos materiais e humanos.

A de 2017 levou à evacuação de 75 000 pessoas num raio de onze quilómetros - as encostas inferiores do Agung são densamente povoadas devido à fertilidade do solo vulcânico. A pluma de cinzas foi observada ao longo de 2018.

3.2.7 Monte Fuji (Japão)

A última vez que o famoso Monte Fuji entrou em erupção foi em 1707, enviando detritos até Tóquio. Desde então, porém, acredita-se que o terramoto de 2011 na costa do Pacífico de Tohoku, responsável por um tremor de magnitude 9,1, tenha causado um aumento da pressão no ponto mais alto do Fujisan.

Por conseguinte, os especialistas alertam para o facto de o vulcão poder entrar novamente em erupção. Embora esteja atualmente classificado como ativo, com um baixo risco de erupção, um evento deste tipo poderia afetar mais de 25 milhões de pessoas na área circundante.

3.2.8 Merapi (Indonésia)

Com uma erupção média a cada cinco a dez anos, o vulcão Merapi, na ilha de Java, é considerado um dos mais activos... e perigosos da Indonésia.

Esta "montanha de fogo" também se ergue sobre uma das regiões mais densamente povoadas do mundo, com 1.400 habitantes/km2 nas suas encostas oeste e sul. Em 2010, durante três meses de terror, as suas numerosas nuvens de fogo provocaram a fuga de mais de 400.000

pessoas, matando 367. A sua erupção mais recente, de tipo freático, teve lugar em 2018.

3.2.9 Kilauea (Hawa'i)

O Kilauea é conhecido como o vulcão mais ativo do mundo. É o chamado "vulcão-escudo", produzindo erupções efusivas que dão origem a fluxos de lava fluida, que ocasionalmente transbordam ao longo da caldeira - causando riscos de incêndio e emissões de dióxido de enxofre.

Mas não é impossível que se torne explosivo através de um fenómeno *freatomagmático*: o magma desce abaixo do lençol freático e entra em contacto com a água, e as rochas são impelidas para fora pelo vapor.

3.2.10 Popocatepetl (México)

Popocatepetl, a "montanha fumegante" em Nahuatl, tem estado ativa desde o final do século XX. Apelidada de "Popo" pelos habitantes locais, há muitos anos que tem registado intensas erupções de fumarolas, cinzas e material vulcânico, por vezes acompanhadas de baixos níveis de exposição no interior da cratera e de abalos sísmicos. No entanto, os seus picos de atividade são monitorizados de perto, porque uma erupção mais violenta pode ameaçar várias dezenas de milhões de pessoas nas proximidades, se se espalhar até à Cidade do México ou Puebla.

3.2.11 A caldeira de Yellowstone (Estados Unidos)

Há quase 630 000 anos, uma violenta erupção abalou o atual Wyoming. Foram ejectados cerca de 1 000 quilómetros cúbicos de rocha e cinzas, criando uma depressão vulcânica com 65 quilómetros de largura, conhecida como a caldeira de Yellowstone.

Atualmente adormecido, o super vulcão esconde uma imponente câmara de magma subterrânea que se enche ao longo dos anos, tornando-se potencialmente explosiva num piscar de olhos. As nascentes hidrotermais do parque são o resultado da presença deste magma a pouca profundidade.

3.2.12 Nyiragongo (República Democrática do Congo)

É considerado o vulcão mais ativo de África, albergando o maior lago de lava quase permanente do mundo. O estratovulcão Nyiragongo está localizado perto de Goma, na cordilheira de Virunga, na parte oriental densamente povoada da República do Congo (RDC).

Se entrar em erupção, representa uma ameaça para quase dois milhões de habitantes. A última erupção, em 17 de janeiro de 2002, despejou entre 15 e 25 milhões de metros cúbicos de lava sobre Goma, matando centenas de pessoas e devastando a cidade e as suas casas.

3.2.13 Cotopaxi (Equador)

Como a maioria dos vulcões do Anel de Fogo da América do Sul, o Cotopaxi é um vulcão explosivo particularmente perigoso. O seu cume, a 5 897 metros de altitude (comparável ao Kilimanjaro), está coberto de neve e gelo, o que faz temer a ocorrência de lahares em caso de erupção.

Em 2015, despertou do seu sono para expelir uma coluna de cinzas com oito quilómetros de altura. Por isso, os habitantes da capital vizinha, Quito, a 50 quilómetros de distância, foram equipados com máscaras para se protegerem da queda de cinzas.

3.2.14 Krakatoa (Indonésia)

Em agosto de 1883, o vulcão Krakatoa (ou Krakatau) produziu uma das erupções mais devastadoras da história. Chuvas de cinzas ardentes, ondas com mais de quinze metros de altura... Cerca de 36.000 pessoas que viviam ao longo do estreito de Sunda, na Indonésia, foram mortas. Quarenta e cinco anos após este cataclismo, uma nova montanha ergueu-se do mar no mesmo local, o Anak Krakatau ("filho de Krakatau"). Um local que ainda está ativo, uma vez que foi a fonte do tsunami do Estreito de Sunda em 2018, bem como de uma nuvem de cinzas em 2022.

3.2.15 Or^fajokull (Islândia)

Or^fajbkull - do islandês "br^fi", "terra triste" - é o pico mais alto do país e um dos vulcões mais poderosos da Europa. É uma caldeira, ocupada por um glaciar com o mesmo nome. Embora não pareça ter dado qualquer sinal de vida desde 1727, os geólogos detectaram uma atividade sísmica e geotérmica crescente na zona desde 2016.

A causa? Movimentos magmáticos, ainda relativamente fracos, mas semelhantes à atividade do vulcão Eyjafjallajbkull em 1998 - que entrou em erupção doze anos mais tarde, em 2010.

3.3 FORMAÇÃO DE VULCÕES

Os vulcões formam-se quando cinzas, poeiras e magma (uma mistura de rocha fundida e gás do interior da terra) sobem e se acumulam acima da superfície da terra, conhecida como "crosta". O magma expelido pelo vulcão é chamado de lava.

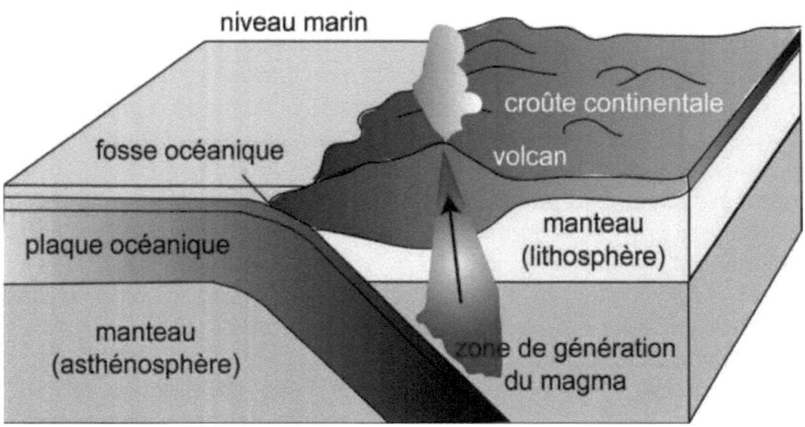

Figura 3.1 *Formação de vulcões*

3.3.1 Caraterísticas das erupções

Os vulcões activos nas zonas de subducção encontram-se entre os picos mais altos da Terra. Os dos Andes ultrapassam frequentemente os 6.000 m de altitude.

A. Forças eruptivas

Os estilos eruptivos destes vulcões andinos variam, mas todos eles são explosivos. Durante as explosões, o magma fragmenta-se em cinzas, lapilli (do tamanho de uma ervilha), escórias (do tamanho de um ovo), bombas e fluxos de pedra-pomes. O momento explosivo é frequentemente acompanhado por aguaceiros de chamas e pelo crescimento de uma cúpula de lava viscosa no fundo da cratera.

B. Erupções explosivas

A natureza explosiva das erupções está ligada a vários factores:

- A composição química do magma, que determina a sua viscosidade
- A quantidade de gás dissolvido neste magma
- A quantidade de água que impregna o cone vulcânico (no caso de explosões freáticas)

Os gases magmáticos escapam facilmente e quase sem explosão de lavas muito fluidas. Em contrapartida, só dificilmente podem sair de magmas viscosos, pelo que são forçados a entrar nestes últimos até que a pressão se torne suficientemente elevada para provocar a explosão da rocha líquida. Assim, a intensidade da explosão depende do volume de gás e da pressão.

As explosões freáticas são causadas pela vaporização súbita da água em contacto com o magma muito quente.

3.3.2 Caraterísticas das rochas vulcânicas

As rochas vulcânicas das zonas de subducção apresentam uma notável variedade de caraterísticas mineralógicas comuns. A estrutura microlítica das rochas mostra que o magma arrefeceu em duas fases.

- Arrefecimento muito lento no reservatório magmático localizado na crosta continental a profundidades muito variáveis mas geralmente significativas (10 a 30 km);
- Arrefecimento rápido ao atingir a superfície.

3.3.3 Composição química

As rochas vulcânicas emitidas nas zonas de subducção são principalmente andesitos e dacitos, que têm uma composição química próxima da da crosta continental. A figura 3 mostra que os andesitos são mais ricos em sílica do que os basaltos. A viscosidade de um magma aumenta com o seu teor de sílica.

O magma forma-se a uma profundidade de 80 a 100 km no limite superior da placa emersa. A fusão das rochas da litosfera continental sobrejacente deve-se à água libertada pelos materiais da placa mergulhante. Mais a jusante (100 a 300 km), o magma é produzido pela fusão parcial da crosta oceânica. Para além disso, os sedimentos de origem continental, transportados com a placa mergulhante para a astenosfera, contribuem com uma pequena percentagem para a geração de magmas andinos.

3.3.2 Cristalização fraccionada no reservatório magmático.

A composição química do "líquido" magmático modifica-se no reservatório magmático devido a uma cristalização fraccionada, semelhante à observada ao nível do rifte. A primeira cristalização de certos minerais modifica a composição do líquido residual. Deste modo, durante as erupções sucessivas, podem formar-se rochas diferentes a partir do mesmo magma primário.

Ao contrário do vulcanismo de fronteira de placas que encontrámos anteriormente, o vulcanismo intraplaca pode ocorrer tanto numa placa oceânica (por exemplo, a ilha da Reunião) como numa placa continental (por exemplo, a Chaine des Puys na Auvergne).

3.3.3 Vulcanismo andesítico e basáltico

Existem dois tipos principais de vulcanismo, o vulcanismo andesítico e o vulcanismo basáltico, no âmbito da tectónica de placas.

A. Vulcanismo andesitico

O vulcanismo andesítico localiza-se essencialmente em zonas de subducção (fronteiras litosféricas convergentes) e caracteriza-se pela emissão de lavas cuja composição química corresponde à gama calcária-alcalina.

B. Vulcanismo basáltico

O vulcanismo basáltico tem duas localizações distintas:

- Nas cristas oceânicas (fronteiras litosféricas divergentes), as lavas emitidas são principalmente basaltos toleíticos cuja composição química se situa na gama sub-alcalina (baixa razão álcali/sílica);
- Nos pontos quentes (vulcanismo intraplaca, oceânico ou continental), os basaltos emitidos têm uma composição química que, ao contrário dos anteriores, se caracteriza por uma relação álcali/sílica muito mais elevada, daí a designação basaltos alcalinos.

Tabela 3.1 *Composição química de três lavas.*

	Basalto alcalino	Andesite	Basalto toleítico
SiO_2	47,7	57,5	50
^2^2	15,2	16,6	15
$_2Fe\ O_2$	2,3	2,6	3,8
FeO	8,7	4	7,4
MgO	9,7	4,2	7
Cao	8,9	8,7	10,2
$_2Na\ O$	2,7	4,4	2
$_2$	1,5	2,0	0,3

C. A origem dos magmas

É atualmente aceite que os magmas são formados pela fusão parcial de material sólido pré-existente.

Os magmas que *alimentam o vulcanismo* alcalino (intraplaca) formam-se a grande profundidade, em sectores do manto terrestre onde a temperatura é normalmente elevada; são os pontos quentes. Estima-se que a taxa de fusão parcial dos peridotitos do manto que dão origem aos magmas alcalinos seja de cerca de 5%. Esta baixa taxa de fusão produz um líquido cuja composição é marcadamente diferente da do sólido a partir do qual se formou.

No vulcanismo toleítico (cristas oceânicas), o magma também provém do manto, mas neste caso a taxa de fusão é elevada (15 a 20%), o que explica a diferença de composição química entre as lavas da série alcalina e as da série toleítica.

O caso do *vulcanismo andesítico* (calcário-alcalino) colocou um problema porque, como ocorreu numa zona de colisão de uma placa oceânica e de uma placa continental, era difícil determinar se o magma provinha da fusão de uma placa, da fusão da outra ou da fusão simultânea de ambas.

Atualmente, considera-se que :

- A fusão da *placa mergulhante* está na origem dos magmas andesíticos.
- É mais provável que a fusão da *placa continental* seja a fonte de magmas graníticos.

D. O surgimento dos magmas.

Os magmas que formam as rochas vulcânicas são todos magmas *muito quentes* (1100 a 1300°C), o que lhes confere uma densidade inferior à dos sólidos de que derivam. Esta baixa densidade, associada a uma baixa viscosidade, confere-lhes uma grande mobilidade vertical. Assim, quer os magmas sejam produzidos em zonas mais altas (cristas) ou a maiores profundidades, atingem rapidamente a superfície do globo sem arrefecer significativamente (a temperatura da lava basáltica no momento da emissão situa-se entre 1100 e 1200°C.

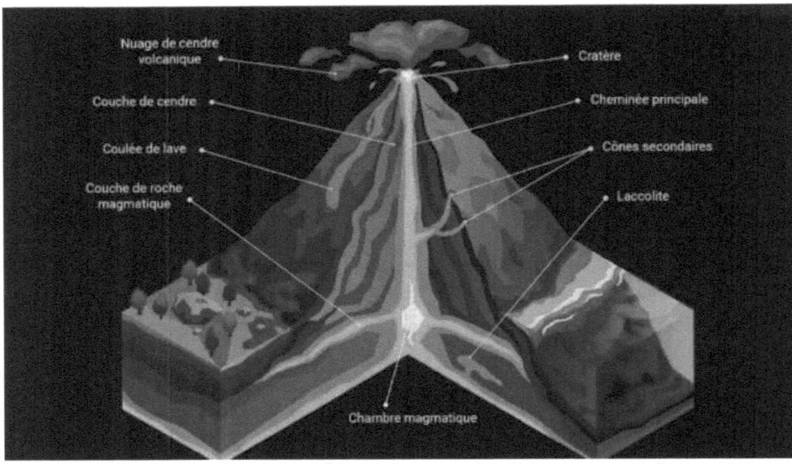

Figura 3.2 *Diagrama esquemático de um vulcão em erupção.*

3.4 OS VULCÕES DA DRC

Os seis vulcões adormecidos ou extintos são: Muhabura, Gahinga, Sabinyo, Visoke, Karisimbi e Mikeno.

Que *vulcões estão activos* na RDC?

Os vulcões *Nyiragongo* e *Nyamulagira* são os dois vulcões activos da região, conhecidos pela sua dinâmica eruptiva de estilo havaiano e por alguns dos fluxos de lava mais largos do planeta.

Os seis vulcões extintos são: Muhabura, Gahinga, Sabinyo, Visoke, Karisimbi e Mikeno.

3.4.1 O VULCÃO NYAMLAGIRA

Nyamuragira, também conhecido como Girungo-Namlagira, Namlagira, Nyamlagira ou, mais frequentemente, Nyamulagira, é um vulcão da República Democrática do Congo.

Figura 3.3 *Vulcão Nyamlagira, vista distante.*

O vulcão mais ativo de África, é capaz de produzir fluxos de lava com mais de trinta quilómetros de comprimento que chegam ao lago Kivu.

Figura 3.4 *O vulcão Nyamlagira em erupção.*

3.4.2 O VULCÃO NYIRAGONGO

Nyiragongo, anteriormente conhecido como *Niragongo*, é um estratovulcão1 que se eleva a uma altitude de 3.470 m no Grande Vale do Rift, no leste da República Democrática do Congo.

Situa-se nas montanhas Virunga, a cerca de vinte quilómetros a norte da

cidade de Goma e do Lago Kivu, e a oeste da fronteira com o Ruanda.
O Nyiragongo é um dos vulcões mais activos1 e perigosos de África, devido à sua proximidade de zonas densamente povoadas, às suas frequentes erupções, a mais recente das quais teve início em 17 de maio de 20023 - com uma nova fase eruptiva em 22 de maio de 2021 - e à presença de um lago de lava praticamente permanente (uma raridade no mundo) que pode descer pelas suas encostas em longos fluxos de lava considerados os mais rápidos do mundo4.
Nyiragongo situa-se na África Oriental, no extremo leste da República Democrática do Congo, a menos de 10 km da fronteira com o Ruanda, a sudeste6 , e a 10 km da fronteira com o Uganda, a nordeste.
Fazendo parte das Montanhas Virunga, uma cadeia vulcânica que atravessa os três Estados, é um dos vulcões do ramo ocidental do Grande Vale do Rift e está incluído no Parque Nacional de Virunga7,6.
Está rodeada pelo Lago Kivu, pela cidade congolesa de Goma e pela cidade ruandesa de Gisenyi a sul, pelo vulcão Nyamuragira a norte-noroeste e pelos vulcões Karisimbi e Mikeno a leste-nordeste6.
A montanha eleva-se a uma altitude de 3.470 m e tem um cume em forma de cratera com 1,2 km de diâmetro1. As suas encostas íngremes, típicas de um estratovulcão, são interrompidas pela presença de dois antigos vulcões, Baruta a norte e Shaheru a sul, bem como por uma cadeia de fontes eruptivas. Estas formaram cerca de uma centena de cones vulcânicos que se estendem ao longo de um eixo nordeste-sudoeste, desde o leste do cume até ao Lago Kivu1.

Figura 3.5 *O Nyiragongo em erupção, perto de Goma, na RDC.*

3.5 OS RECURSOS GEOLÓGICOS DA RDC

Em termos de solo e subsolo, a RDC é um "escândalo geológico", com os seus vastos e diversificados recursos minerais: cobre, cobalto, ouro, zinco, diamantes, ferro, urânio, nióbio, estanho, tântalo, tungsténio e terras raras, bem como hidrocarbonetos (petróleo e gás metano do lago Kivu). A RDC possui igualmente um potencial hidroelétrico significativo, nomeadamente a barragem de Inga.

3.5.1 RECURSOS MINEIROS NA RDC

A RDC é o maior produtor mundial de cobalto, uma matéria-prima estratégica para a indústria automóvel, e é também um importante produtor de cobre (o maior produtor africano) e de ouro.

A. FERRO

O ferro é um dos elementos de transição do grupo VIIIb. Depois do alumínio, o ferro é o metal mais abundante na crosta terrestre (6,2%). Encontra-se sob a forma de: hematite (Fe_2O_3), siderite ($FeCO_3$) e magnetite (Fe_3O_4).

O ferro puro é um metal cinzento, pouco duro. É essencial para os seres vivos.

Reage com HCl: Fe + 2 HClFeCh + H_2

Reage com H2SO4: 2 Fe + 3 H_2SO_4 $Fe_2(SO_4)_3$ + 3 H_2

Com o HNO_3, o ferro torna-se "passivo", pois forma-se uma camada de Fe3O4 na sua superfície.

·No ar húmido, o ferro oxida, formando uma camada porosa de hidrato de óxido de ferro(III): 2Fe2O3 $3H_2O$ ou limonite.

As fases de oxidação do ferro são +2 e +3.

Compostos de Fe (II) :

FeO (preto)

·FeSO4 7 H_2O (verde)

FeCl2 (amarelo) FeS (preto)

FeCO3 (siderite ou oligite férrica)

Compostos de Fe (III) :

Fe2O3 (castanho-avermelhado, ferro oligístico ou hematite)

FeCl3 (preto)

O ferro é o metal mais utilizado, sob a forma de ligas ferro-carbono, ferro fundido (2 a 5% C) ou aço (0,1 a 1,5% C). É utilizado no fabrico de carris ferroviários, vigas estruturais e redes metálicas. Pregos, parafusos, electroímanes, dínamos, transformadores, etc.

Na química orgânica, o ferro é utilizado como catalisador.

Figura 3.6 *Minério de ferro*

B. COBRE

O cobre não é muito abundante (0,007% da crosta terrestre). Encontra-se no seu estado nativo e no estado combinado (calcopirite: $CuFeS2$, de cor avermelhada, calcosina Cu_2S ou sob a forma de óxido, sendo o mais importante a malaquite: $CuCO_3$. $Cu(OH)_2$, produzida na RDC, no Katanga e no México).

Depois da prata, o cobre é o melhor condutor de eletricidade e de calor. É utilizado em ligas, cabos eléctricos e moedas.

A RDC possui grandes depósitos de cobre, concentrados principalmente nas províncias de Katanga. O projeto da mina Albert ALOMBA, Introduction a la Geologie.

Kamoa é um dos maiores recursos de cobre do mundo.

O cobre reage com H2SO4 concentrado e quente:

$Cu + 2H_2SO_4$ $CuSO4 + 2\ H_2O + SO_2$

Reage com HNO3 :

$Cu + 4\ HNO_3$ $Cu(NO_3)_2 + 2\ H_2O + 2\ NO_2$

As fases de oxidação do cobre são +1 e +2.

Compostos de cobre (I): incolores, exceto no caso do Cu_2O (vermelho)

Compostos de cobre (II): são paramagnéticos e coloridos. Por exemplo: CuO (preto), CuSO4 (azul), CuS (preto).

$^{2+}$O hidróxido de cobre (II) dissolve-se em amoníaco para formar um complexo azul: $Cu\ (OH)_2 + 4\ NH3\ [Cu(NH_3)_4] + 2\ OH^-$.

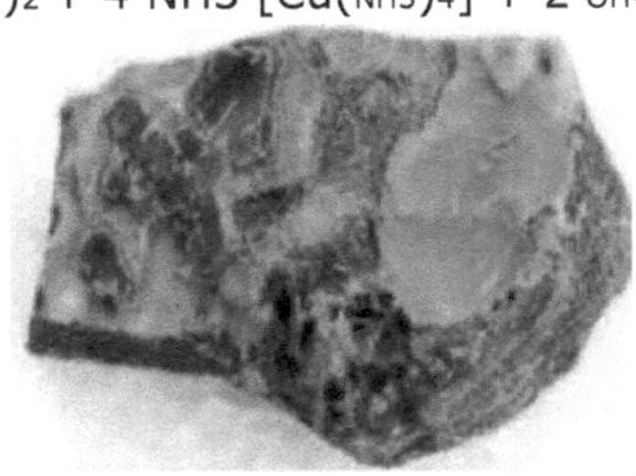

Figura 3.7 *Malaquite da RDC*

C. URÂNIO

A uranite é o principal minério de urânio e de rádio e deve o seu nome ao urânio. Trata-se de um dióxido de urânio, mas na natureza é mais ou menos um óxido, pelo que a sua composição varia entre dois pólos: VO2 e UO_3.

O urânio faz parte da composição da litosfera e apresenta-se sob diferentes formas, como a pitchblenda, que contém entre 40% e 90% de óxido de U3O8 na RDC e no Canadá, a carnotite ou vanadato de urânio e potássio (Colorado) e a calcolite ou fosfato de urânio e cobre (Portugal).

O urânio é produzido em muitos países, nomeadamente na América do Norte, em África e na Ásia. Os principais produtores são o Cazaquistão, o Canadá, a Austrália, o Níger (o principal produtor africano) e a Namíbia, que representam quase 80% da produção mundial.

A RDC é um dos países africanos produtores de urânio. A mina de Shinkolobwe, em Katanga, produz urânio e cobalto. O urânio de Katanga foi utilizado pelos americanos para fabricar a bomba atómica que lançaram sobre Nagasaki e Hiroshima em 6 de agosto de 1945.

Figura 3.8 *Minério de urânio*

O urânio tem um aspeto metálico semelhante ao do ferro, é paramagnético e tem as propriedades de um elemento de transição. $^{2+2+}$Forma catiões de oxigénio, como o UO e o UO_2, bem como numerosos derivados (cloretos, sulfatos, óxidos, etc.).

A preparação do urânio consiste em transformar o minério num óxido, que é depois reduzido pelo carbono à temperatura do forno elétrico.

Quando recém-preparado, o urânio emite apenas radiação alfa e depois um pouco de radiação beta.

D. O COBALTO

O cobalto com a estrutura eletrónica [Ar] 4s2 3d7 é o segundo elemento do oitavo grupo secundário, este metal de transição faz parte do grupo do ferro. O corpo simples do cobalto tem propriedades físicas muito semelhantes às do ferro e do níquel. Quimicamente, é menos reativo que o ferro. O cobalto é também um elemento do grupo 9, cujos três primeiros elementos - Co, Rh e Ir - constituem o grupo do cobalto.

O cobalto é um metal particularmente procurado nas tecnologias verdes impulsionadas pela transição energética. 80% do cobalto é consumido no fabrico de baterias de iões de lítio.

O cobalto é co-produzido através da extração de minérios de cobre na República Democrática do Congo e na Zâmbia, da extração de minérios de sulfureto de níquel na Rússia, no Canadá e na Austrália e de minérios de níquel laterítico na Nova Caledónia, em Cuba, na Indonésia, na Austrália, nas Filipinas e em Madagáscar.

Em 2021, a República Democrática do Congo era a principal mineradora de cobalto do mundo, com uma produção de 120.000 toneladas.

Figura 3.9 *Cobalto*

E. OURO

Juntamente com a prata e a platina, o ouro (símbolo: Au) é um dos chamados metais nobres, que são inalteráveis no ar. São muito caros e menos abundantes na natureza.

O ouro é um metal macio, muito denso, amarelo brilhante, o mais dúctil e maleável de todos os metais.

$^{+3+}$O ouro forma duas séries de compostos: compostos áureos (Au) e compostos áuricos (Au).

Em particular, forma sais relativamente instáveis: quando aquecido, o cloreto de ouro (III) AuCl3 transforma-se primeiro em cloreto de ouro (I) AuCl e depois em ouro metálico.

AuCl3 AuCl + Clz^ e 2AuCl 2Au + Clj".

O ouro é utilizado para dourar, quer por aplicação de folha de ouro, quer por eletrólise, para fabricar jóias. O ouro é utilizado para fabricar ligas, nomeadamente com cobre, prata e níquel (o teor de ouro de uma liga é expresso em quilates, ou seja, o número de partes de ouro por 24 partes de liga; um quilate vale 0,205 gramas; o ouro puro tem 24 quilates).

O ouro branco é uma liga branca de ouro e níquel utilizada em joalharia.

O ouro é também utilizado no fabrico de próteses dentárias e de equipamento científico.

As principais minas de ouro estão localizadas na China, Austrália, África do Sul, Rússia, Peru e Canadá.

A RDC é um importante produtor africano de ouro e a sua primeira refinaria de ouro está localizada em Bukavu, no Kivu do Sul. No primeiro trimestre de 2022, a produção total de ouro é estimada em 13.107,33 kg.

Figura 3.10 *Ouro*

F. LE COLTAN

O coltan (abreviatura de columbite-tantalite) é um minério preto ou castanho-avermelhado do qual se extrai *o nióbio* (originalmente designado por columbium) e o tântalo. É formado pela combinação de dois minerais, a *columbite* [(Fe, Mn) Nb_2O_6] e *a tantalite* [(Fe, Mn) (Ta, $Nb)_2O_6$], em proporções variáveis.

O coltan foi descoberto em Nova Inglaterra (EUA). O coltan é encontrado em quantidades comerciais na África Central, em particular na República Democrática do Congo, na região de Kivu, que possui entre
60 e 80% das *reservas mundiais,* bem como na Austrália, Brasil, Canadá, Espanha e China.

O coltan é uma fonte importante para a produção de tântalo e, em menor escala, de nióbio. O tântalo é muito apreciado pela sua elevada resistência à corrosão. Considerado um *metal estratégico*, é utilizado principalmente no fabrico de condensadores para equipamentos electrónicos, mas é também utilizado na composição de ligas de cobalto e de níquel na aeronáutica, nomeadamente no fabrico de motores a jato. É também utilizado como revestimento em permutadores de calor e em ligas para ferramentas de corte e de torneamento.

O tântalo, preparado a partir do coltan, é essencial para o fabrico de componentes electrónicos, nomeadamente condensadores e filtros de ondas de superfície, utilizados em especial nos telemóveis. O sector da eletrónica monopoliza assim 60 a 80% do mercado do tântalo.

Em 2000, uma escassez a nível mundial e um aumento dos preços do tântalo impediram que *a PlayStation 2* da Sony fosse fabricada em quantidades suficientes.

Mina de coltan na África Central, o coltan está no centro da guerra na República Democrática do Congo (RDC), um dos conflitos mais mortíferos desde a Segunda Guerra Mundial, com mais de 5 milhões de mortos.

Um relatório de peritos apresentado ao Conselho de Segurança da ONU em 2001 denunciava as grandes quantidades deste mineral extraídas ilegalmente do solo da República Democrática do Congo e contrabandeadas, com o acordo de contratantes ocidentais, pelos exércitos do Uganda, do Ruanda, do Burundi e da RDC, que ocupavam a província de Orientale e a região de Kivu, no leste do país.

O exército ruandês terá ganho 250 milhões de dólares com o tráfico ilegal deste mineral entre 1998 e 2000.

Estas operações mineiras ilegais encorajam as tropas estrangeiras a permanecer em Kivu e põem em perigo o ecossistema florestal da região.

Os três Estados implicados no relatório da ONU negaram qualquer envolvimento no tráfico de coltan.

Devido à dificuldade de controlar a legalidade das operações mineiras na região, vários fabricantes de produtos electrónicos decidiram boicotar "oficialmente" o coltan da África Central, preferindo adquiri-lo na Austrália.

O Ruanda também pode produzir minério de columbite-tantalite, pelo menos na região de Gatumba, na crista do Congo-Nilo. Grandes cristais em bico de pato foram aí encontrados por geólogos da SOMIRWA (Societe des Mines du Rwanda), que cessou as suas actividades de cassiterite e tungsténio por volta de 1982.

Figura 3.11 *Uma peça de colombite-tantalite com 6,0 x 2,5 x 2,1 cm.*

G. O DIAMANTE

O carbono apresenta-se em duas variedades alotrópicas, uma cristalina e outra amorfa. Fenómeno estrutural em virtude do qual um corpo simples pode assumir várias formas físicas diferentes.

O carbono amorfo é uma forma de carbono sem estrutura cristalina, ou seja, muito desordenada, que constitui uma série de substâncias chamadas carvões, que contêm carbono em proporções variáveis. Consoante a sua origem, distinguem-se os carvões naturais dos carvões artificiais.

Os carvões naturais provêm da decomposição da vegetação acumulada nos solos margosos. Em função do seu estado de evolução, distinguem-se a turfa, a lenhite, a hulha e a antracite.

Os carvões artificiais são produzidos artificialmente para certas utilizações específicas: coque (combustível e redutor na metalurgia), negro de retorta (fabrico de eléctrodos), negro de fumo (fabrico de graxa para sapatos, tintas de impressão), negro animal proveniente da calcinação de ossos (descoloração de sumos de açúcar, etc.), carvão vegetal, etc.

O carbono cristalino apresenta-se sob duas formas: grafite e diamante.

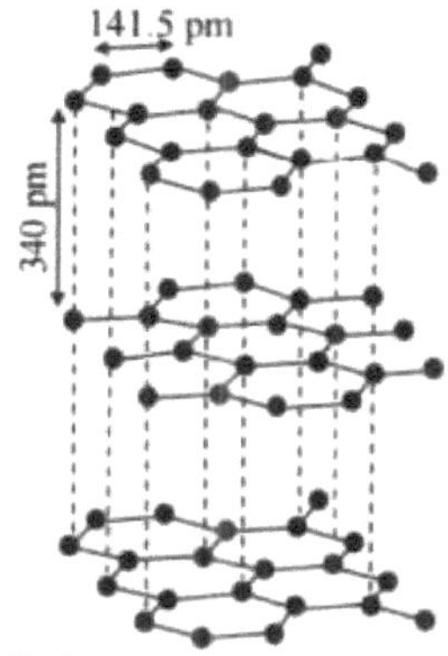

Figura 3.12 *A estrutura cristalina da grafite*

A grafite natural é uma das formas cristalinas do elemento carbono. Os seus átomos estão organizados numa pilha de folhas de grafite com uma estrutura hexagonal. A grafite natural encontra-se em rochas metamórficas e magmáticas e em meteoritos. Tem uma densidade de cerca de 2,2 g/cm3 e uma cor acinzentada. A grafite é utilizada para fabricar pontas de lápis e papel químico.
No diamante, cada átomo de carbono está ligado a quatro outros átomos, formando uma rede nas três dimensões do espaço. Este facto confere ao mineral uma grande dureza, tornando-o o mineral mais duro conhecido pelo homem. O diamante é altamente refrativo (índice de refração: 2,41), e brilha com uma cintilação brilhante - o fogo do diamante.

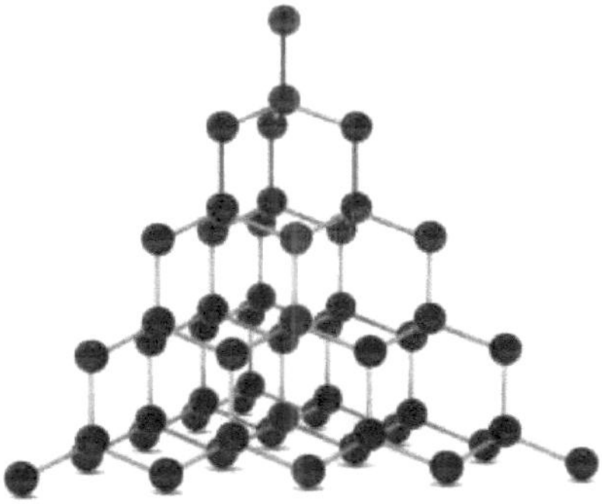

Figura 3.13 *A estrutura cristalina do diamante*

As amostras de diamantes incolores são cortadas para fabricar pedras preciosas muito apreciadas na joalharia. Os diamantes negros, menos valiosos, são utilizados no fabrico de ferramentas de corte.

O peso de um diamante, tal como o peso dos metais preciosos (Pt, Au), é expresso em quilates. Um quilate vale 0,205 gramas.

A produção de diamantes na RDC caiu drasticamente nos últimos 5 anos, passando de 18,9 milhões de quilates em 2017 para 12,9 milhões de quilates em 2021, de acordo com as estatísticas do Ministério das Minas. E a maioria dos diamantes congoleses provém da produção artesanal, ou seja, 71% em 2021.

No primeiro trimestre de 2022, a República Democrática do Congo (RDC) produziu 4.581.679,13 quilates de diamantes, dos quais 2.376.116,52 quilates foram extraídos artesanalmente (51,86%), 2.201.454,16 quilates foram extraídos industrialmente (48,05%) e 4.108,45 quilates foram extraídos semi-industrialmente (0,09%).

São elas a Societe Anhui Congo d'Investissement Minier (SACIM) com 2.152.668,73 quilates, ou 97,78%, e a Miniere de Bakwanga (MIBA) com 48.785,43 quilates, ou 2,22%. Kivu do Norte: 12,58 quilates, ou 0,001%.

De acordo com a CTCPM, a produção total para o primeiro semestre de 2022 está estimada em 4.581.679,13 quilates.

O preço de um diamante de 1 quilate é geralmente estimado entre 2 000 e 2 500 euros.

Figura 3.14 *O diamante*

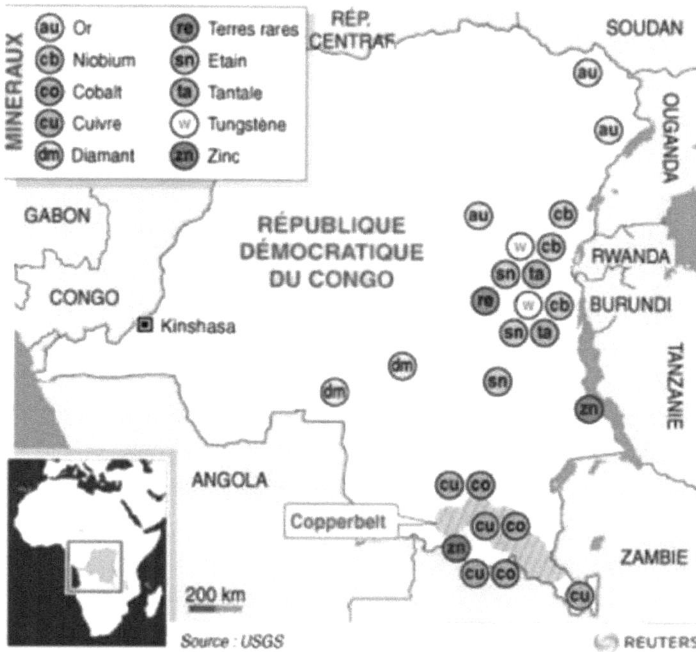

Figura 3.15 *Depósitos minerais na RDC (Fonte: USGS, Reuters)*

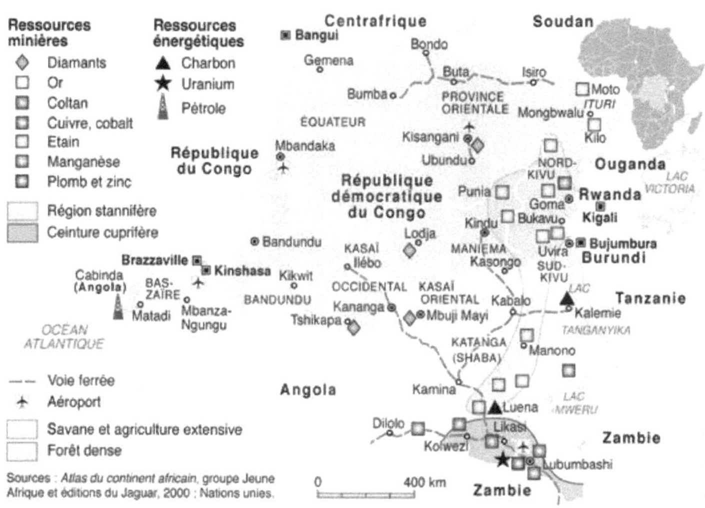

Figura 3.16 *Recursos mineiros e energéticos da RDC (Atlas do continente africano, grupo Jeune Afrique e edição Jaguar, 2000, Nações Unidas).*

3.5.2 JAZIGOS PETROLÍFEROS NA RDC

Os *blocos petrolíferos* em causa estão distribuídos por diferentes regiões do país: três na bacia costeira, nove na Cuvette Central, onze no

Tanganyika Graben e quatro no Albertine Graben. Os três blocos de gás estão situados no Lago Kivu.

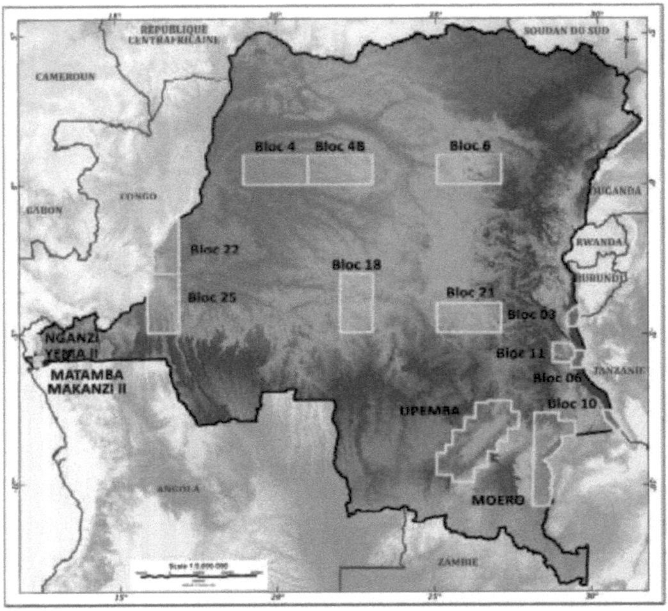

Figura 3.17 *Os 27 blocos petrolíferos da RDC.*
(Fonte: Ministério dos Hidrocarbonetos: Upstream-Petroleum-17)

3.5.3 POTENCIAL HIDROELÉCTRICO DA DRC

O potencial hidroelétrico da RDC está estimado em 100 gigawatts, o que coloca o país em terceiro lugar no mundo, atrás da China e da Rússia. No entanto, apenas 2,5% desta capacidade foi desenvolvida até à data.

Oito centrais hidroeléctricas estão em funcionamento e outras estão em construção ou planeadas.

Quadro 3.2 *Listas das centrais hidroeléctricas da RDC.*

ESTAÇÃO	CAPACIDADE (MW)	TIPO	RIVIERE
Central eléctrica de Inga II	1,424	Cursos em rio	Rio Congo
Central eléctrica de Inga I	351	Cursos em rio	Rio Congo
Central eléctrica de Nseke	260		Riviere Lualaba
Central eléctrica de Ruzizi II	45	Reservatório	Rio Ruzizi
Central eléctrica de Ruzizi I	40	Reservatório	Rio Ruzizi

Central hidroelétrica de Rutshuru	13,8	Cursos em rio	Riviere Rutshuru
Central hidroelétrica de Mutwanga	0,4	Cursos em rio	
Central eléctrica de Mobayi		Reservatório	

Quadro 3.3 *Centrais hidroeléctricas em construção ou planeadas na RDC.*

Estação	Capacidade (MW)	Tipo	Riviere	Estado
Central eléctrica de Grande Inga	39 000	Curso do rio	Rio Congo	Propõe
Central eléctrica de Inga III	4 800	Curso do rio	Rio Congo	Transferência de mercados
Barragem de Busanga	240	Reservatório	Riviere Lualaba	Propõe
Barragem de Zongo II	150	Reservatório		Em construção
Central eléctrica de Ruzizi III	145	Reservatório	Riviere Ruzizi	Em construção
Katende barragem	64	Corrida do rio		Em construção
Barragem de Kakobola	10,5		Riviere Lufuku	Em construção

3.6 O MAPA GEOLÓGICO

3.6.1 DEFINIÇÃO E OBJECTIVO DE UM MAPA GEOLÓGICO

O objetivo de um mapa geológico é mostrar a natureza, a idade e a geometria das formas de relevo que compõem o relevo de uma região, geralmente sobre uma base topográfica previamente estabelecida.

[ee]Esta representação é feita a diferentes escalas, desde os planos de exploração mineira, que podem ser levantados a 1/1.000, até aos mapas de síntese publicados a uma escala muito pequena (Atlas Geológico do Mundo, a 1/10.000.000, por exemplo).

3.6.2 IMPORTÂNCIA DE UM MAPA GEOLÓGICO

A cartografia geológica serve três objectivos: científico, económico e cultural.

A Uma necessidade científica

Como a abordagem do geólogo é essencialmente analítica, o mapa geológico é a *tradução gráfica* dessa análise. Organizando o terreno e os acontecimentos que ele registou no tempo e no espaço, é a base de qualquer reconstrução da história da crosta terrestre.

Por outro lado, a carta geológica é o *suporte* indispensável *para* muitos outros documentos cartográficos mais especializados, como as cartas que mostram a relação entre as zonas sísmicas e certas falhas da crosta terrestre (*cartas sismotectónicas*) ou as reconstruções da localização da terra e do mar em diferentes períodos geológicos (*cartas paleogeográficas*).

B. Uma necessidade económica

A carta geológica constitui o *documento de base* para a prospeção de jazidas de substâncias úteis: energia, minerais, materiais de construção, água. É também essencial para planear a implantação de grandes estruturas: barragens, auto-estradas, centrais nucleares, etc.

C. Uma necessidade cultural

A importância do *ambiente* na vida quotidiana, a curiosidade sobre a natureza e a preocupação com a sua preservação conduziram a um interesse crescente pelo que nos rodeia. A leitura de mapas geológicos contribui para este desenvolvimento cultural.

3.6.3 ELABORAÇÃO DE UM MAPA GEOLÓGICO

A elaboração de um mapa geológico é o culminar de um trabalho que envolve muitos aspectos das ciências da terra.

A. Primeira fase ou fase documental

A primeira etapa consiste em compilar a documentação geológica existente sobre a zona a estudar. Este trabalho preliminar inclui tanto um estudo bibliográfico como uma análise de fotografias aéreas.

B. Segunda fase ou trabalho de campo

Uma vez concluídos os trabalhos preliminares, pode iniciar-se o trabalho de campo. Este consistirá, em primeiro lugar, em *levantamentos de reconhecimento* para estabelecer as principais unidades geológicas.

Os levantamentos geológicos e os primeiros estudos de rochas (recolha de amostras) permitirão determinar a *idade* e *a natureza dos* terrenos encontrados.

Passa-se então à fase de *levantamento pormenorizado*. [ee]Na maioria dos casos, este trabalho de pormenor é efectuado a uma escala superior à da carta definitiva (1:25.000 para a carta 1:50.000, por exemplo).

O trabalho de campo exige uma *mudança* constante *de escala*, desde a escala milimétrica (observações à lupa) até à análise da paisagem (vários quilómetros); as observações compatíveis com a escala do mapa são registadas no mapa, enquanto as outras observações são registadas no caderno de campo.

Em alternância com os trabalhos de campo, e igualmente importantes, os estudos laboratoriais apoiar-se-ão *num vasto leque de disciplinas*. Estes estudos decorrem geralmente ao longo de vários anos e permitem-nos conhecer melhor *a natureza* (composição e geometria) e *a história* das formações geológicas que serão representadas no mapa.

C. Terceira fase ou fase de síntese

A última etapa da elaboração do mapa geológico consiste em *resumir* os estudos anteriores e transferi-los para o mapa *modelo*.

As explicações e os significados *das lendas*, *dos sinais* e *dos vestígios* permitem ao leitor familiarizar-se com o mapa geológico e tirar o máximo partido dele.

O significado dos vestígios, *sinais e símbolos* geológicos fornecem informações adicionais, como os *sinais de imersão*.

A *legenda* do mapa e, em particular, os *elementos coloridos* nas faces do mapa, os *índices de* letras e os números, fornecem informações sobre a *idade* e *a natureza* dos conjuntos de mapas.

A *nota explicativa* que acompanha o mapa descreve, mais pormenorizadamente do que a legenda, os diferentes tipos de rocha e indica todas as informações que não puderam ser traduzidas graficamente (dados de perfuração, observações antigas de minas abandonadas, etc.).

O mapa final, que será utilizado pelos geólogos e pelo público em geral, será desenhado e impresso a partir do modelo.

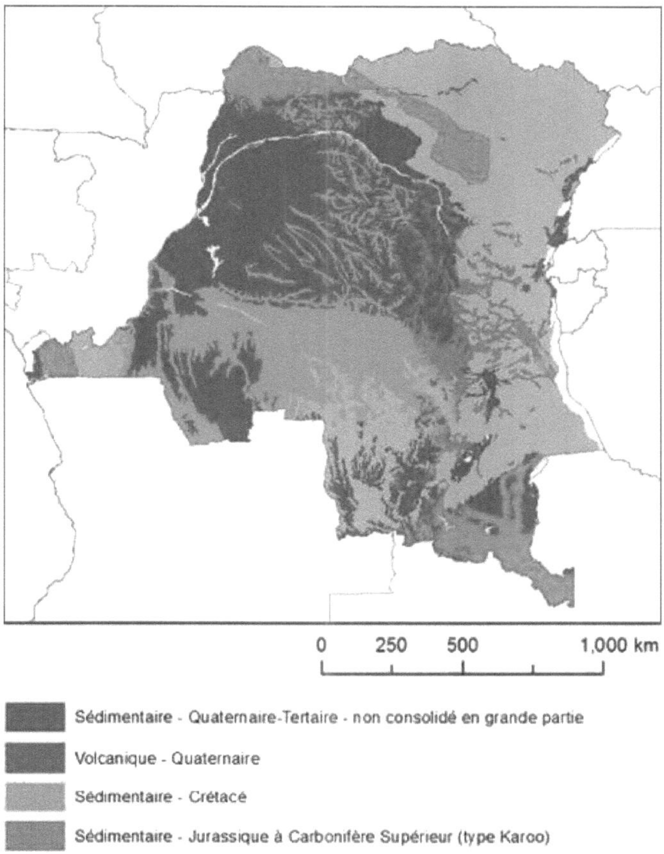

Sddimentaue - Quaternário-Terciário - não consolidado na sua maior parte
Vulcânico - Quaternário

S£dimentar - Cr£tac6
Sedimentar - Jurássico a Carbonífero Superior (tipo Karoo)
Prëcaтьпеп metassedimentar - por vezes cársico
Prëcaтьпеп base e m^tasedirnentaife. mdiff£renci£

Figura 3.18 *Exemplo de um mapa geológico da RDC (Fonte: Furon R e Lombard J, 1964)*

PERGUNTAS DE REVISÃO SOBRE O CAPÍTULO 3

1. Diz o nome de 5 vulcões perigosos do mundo que conheças.
2. Quais são os riscos associados às erupções vulcânicas?
3. Quais são as vantagens de ter um vulcão?
4. O que é a tectónica de placas?
5. Como é que os vulcões se formam?
6. Explicar as caraterísticas das erupções vulcânicas.
7. Quais são as caraterísticas das rochas vulcânicas?
8. Explicar estes conceitos: magma, vulcanismo andesítico, vulcanismo basáltico, vulcanismo toleítico, um quilate, legenda de um mapa geológico.
9. Indique os nomes de seis vulcões extintos ou adormecidos na RDC e de dois vulcões activos na RDC. Qual é a montanha vulcânica mais alta do nosso sistema solar?
10. Quais são os principais recursos geológicos da RDC? E o que é que se pode fazer para que esses recursos beneficiem o povo congolês?
11. Definir um mapa geológico, dar a sua importância e explicar como pode ser produzido.

CAPÍTULO 4

OS PISOS

4.1 INTRODUÇÃO

O solo é uma mistura de substâncias minerais resultantes da decomposição da *rocha-mãe* por *agentes físicos e químicos* e de matéria orgânica específica produzida pela decomposição de resíduos vegetais por *agentes biológicos*.

De facto, a diferença entre estes dois tipos de materiais deve-se essencialmente às *forças de "união"* entre estes grãos: no caso das *rochas*, estas forças são fortes e permanentes numa escala de tempo humana; no caso dos *solos*, são muito mais fracas e podem variar ao longo do tempo.

O *solo* é um meio muito complexo, povoado por uma *fauna* abundante e diversificada (Coleoptera, Myriapoda, Formigas, Collembola, Nematoda, Ácaros, Rotifera, Protozoários, larvas diversas e muitos outros organismos microscópicos).

Esta fauna é completada por um *exército* de bactérias, actinomicetas e fungos.

Há também muitos *factores abióticos* envolvidos na ecologia do solo, como a água no solo, a salinidade do solo, o pH do solo e o arejamento do solo.

O *estudo dos solos* (formação, textura, natureza e propriedades das argilas, estrutura, perfis) é designado *por pedologia*. As raízes e os organismos são geralmente esquecidos, razão pela qual o estudo dos solos como um ecossistema particular é designado *por edafologia*.

4.2 FORMAÇÃO DO SOLO

O solo é a camada superficial da Terra. É formado na Terra pela ação do *clima* (temperatura e precipitação), da *flora* (que fornece a maior parte da matéria orgânica e define a sua evolução), das *catástrofes naturais* e das *rochas* (propriedades físicas e composição química).

4.2.1 FASES DE FORMAÇÃO DO SOLO

O solo é o resultado da *união da* matéria mineral (argilas do leito rochoso) e da matéria orgânica (húmus dos detritos orgânicos).

Os elementos minerais do solo, unidos pelo complexo argilo-húmico, formam agregados entre os quais circulam *a água* e *o ar*.

Em termos gerais, existem *3 fases na* formação do solo:

A. A primeira fase é a alteração do leito rochoso.

Esta é o resultado de numerosos processos *físicos* (como a geada ou a penetração das raízes) que fragmentam a rocha, mas também de processos *químicos* (ataque ao solo por água saturada de ácido) que dissolvem o calcário e hidrolisam os minerais silicatados para criar complexos alternados (argila, óxidos de ferro, sais) que cimentam os grãos resultantes da fragmentação anterior.

B. A segunda fase é a incorporação da matéria orgânica.

Os detritos vegetais (folhas e madeira morta nas florestas, palha ou restolho nas terras cultivadas, etc.) são uma *fonte* de matéria orgânica para o solo.

Estes detritos são fragmentados em várias ondas sucessivas. Em seguida, são mineralizados através da libertação de elementos químicos contidos nos diferentes compostos orgânicos (carbono, azoto, oxigénio...) dos detritos sob diferentes substâncias minerais. Este processo é efectuado por bactérias e fungos. Os detritos são finalmente humificados

C. Na terceira fase, os horizontes são finalmente distinguidos pela ação da água de infiltração.

A ação desta água infiltrada, conhecida como *lixiviação*, permite que os elementos solúveis sejam arrastados e acumulados para formar *horizontes*.

4.2.2 ACÇÃO DO CLIMA E DO COBERTO VEGETAL

O solo é formado lentamente a partir da rocha e povoado por organismos vivos; *desenvolve-se* e *amadurece lentamente* sob a ação do clima e da vegetação que o cobre.

O solo *é um ecossistema que evolui lentamente* até atingir um estado de equilíbrio. A dinâmica do solo é marcada pela migração de colóides argilosos poetizados com elementos biogénicos solúveis que acompanham o movimento da água.

Em *climas húmidos, a migração descendente* leva à *lixiviação* e à formação do horizonte lixiviante A2, um horizonte mais argiloso (B); por vezes, o fenómeno é complicado pela *podzolização* com a formação do horizonte B, que acumula sesquióxido de alumínio e de ferro e matéria húmica.

Um *horizonte do solo* é definido como uma camada de material mineral ou orgânico do solo, aproximadamente paralela à superfície da terra, cujas caraterísticas são modificadas pelos processos de formação do solo.

Em *climas áridos, a migração ascendente* leva à eflorescência de uma crosta ou caliche de sais minerais sólidos na superfície.

A zonação da matéria mineral do solo em horizontes sobrepostos é complicada por uma estratificação da matéria orgânica; consoante o caso, *a cama* espessa e o húmus (coprogénico ou miogénico) são adicionados em horizontes mais ou menos bem definidos (A0, A1).

Os solos bem drenados, estabelecidos numa topografia horizontal ou inclinada (*plakor*), reflectem no seu perfil as condições de temperatura, pluviosidade e vegetação das zonas bioclimáticas onde se encontram.

Podemos falar de *solos zonais*, por oposição aos *solos interzonais*, que são condicionados mais por factores específicos de drenagem ou de riqueza mineral do que pelo clima, e de *solos azonais* não murados, esqueléticos, sobre rochas ligeiramente decompostas.

4.2.3 HORIZONTES DO SOLO

A cobertura do solo (todos os solos que cobrem a terra) está em constante evolução, desenvolvendo-se tanto a partir de rochas profundas como de matéria orgânica à superfície.

Estas transformações dão origem a volumes sobrepostos de matéria mineral e orgânica, mais ou menos paralelos à superfície do solo, designados por *horizontes*. O seu número varia consoante o estado de evolução da cobertura do solo.

Os horizontes diferem uns dos outros pela *cor*, *textura*, abundância de elementos *grosseiros*, disposição *espacial* dos constituintes (sólidos, líquidos, gases) e *vazios associados*. Estas caraterísticas, que podem ser observadas a olho nu, são utilizadas pelo pedólogo durante os estudos de campo para identificar os limites de cada horizonte.

Verticalmente, a espessura de um horizonte varia de alguns centímetros a vários metros, e os seus limites superior e inferior são mais ou menos claros. *Lateralmente*, um horizonte transforma-se noutro horizonte, numa distância indefinida que vai de um metro a um quilómetro.

A sobreposição de horizontes forma um *perfil de solo, com* todos os horizontes no espaço formando a *cobertura do solo*.

Os "horizontes" são a base para a descrição da cobertura do solo. Ao examinar a parede vertical de uma cova pedológica escavada no solo, o pedólogo pode dividir a *cobertura do solo* em horizontes e determinar o seu número.

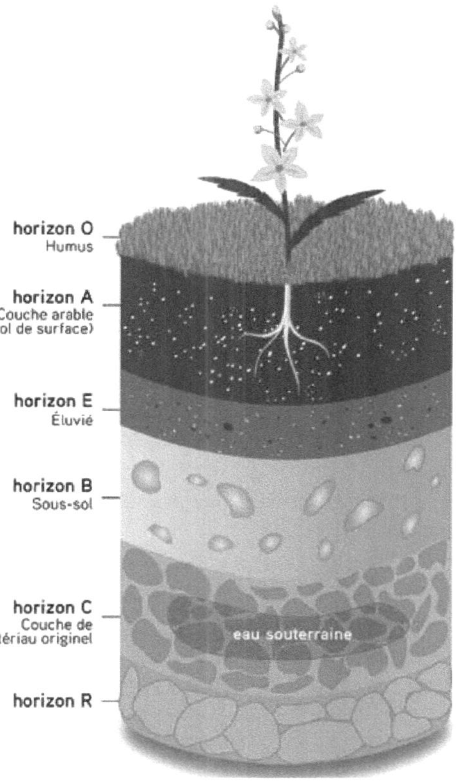

Figura 4.1 *Horizontes do solo*

4.2.4 DESENVOLVIMENTO E EVOLUÇÃO DOS HORIZONTES

Os horizontes são o resultado: da degradação por *fragmentação* e *alteração* da rocha subjacente sob o efeito combinado da água, do ar e do clima; da transformação e mistura dos produtos desta alteração (areias, siltes, argilas) com a matéria orgânica fresca (detritos vegetais e animais) depositada à superfície e depois decomposta em húmus; da migração, deslocação vertical e fixação de certos elementos constituintes (minerais, argila, ferro, matéria orgânica, etc.) ao longo do tempo..) ao longo do tempo.

A ordem e a velocidade de sobreposição dos diferentes tipos de horizontes variam em função das *condições climáticas* (húmidas, quentes, tropicais, etc.), da *topografia* (encostas, planícies) e da *rocha* de origem (calcário, granito, xisto, etc.).

4.2.5 MECANISMOS DE FORMAÇÃO DE HORIZONTES

Estes mecanismos funcionam em conjunto. Em função das variações da humidade, da temperatura e da atividade biológica, as propriedades físicas, químicas e mecânicas dos constituintes são constantemente transformadas, e a matéria mineral, líquida, gasosa e orgânica é transferida.

A. Mecanismo de alteração das rochas e seus constituintes.

Em contacto com a atmosfera, a água da chuva e a vida vegetal e animal, a rocha e os minerais que a compõem degradam-se e alteram-se para produzir o solo.

Durante a fase de alteração, alguns dos minerais (calcite, argila, quartzo, etc.) que constituem a rocha original separam-se uns dos outros, tornam-se mais pobres, perdem ou ganham elementos químicos e transformam-se. Outros minerais dissolvem-se ou são arrastados pela água da chuva, ou recombinam-se e cristalizam-se para formar novos minerais que enriquecem o solo em formação.

Os novos minerais migram através das várias camadas de solo que se vão formando e misturam-se com as rochas alteradas em decomposição. Estes minerais são principalmente: argilas, calcite, oxi-hidróxidos de ferro, oxi-hidróxidos de alumínio, etc.

B. Mecanismos biológicos e acumulação de matéria orgânica.

As espécies vivas animais e vegetais que se desenvolvem no interior e sobre a rocha alterada promovem e aceleram os mecanismos de alteração: desagregação, hidrólise (dissolução), lixiviação (arrastamento), geração de novos minerais e contribuem para a revolução e o funcionamento do solo. As espécies animais e vegetais mortas são transformadas em matéria orgânica decomposta (húmus).

A matéria orgânica, cuja composição varia consoante a fauna, a vegetação, as condições climáticas, a rocha, etc., acumula-se e migra mais ou menos profundamente da superfície do solo para a rocha.

C. Mecanismo de libertação, migração e acumulação de constituintes resultantes da alteração e evolução da matéria orgânica.

Os constituintes produzidos pela alteração das rochas e pelas actividades biológicas estão sujeitos a fenómenos migratórios: movimento de partículas sólidas por gravidade, por arrastamento de água, por movimento em forma solúvel.

Estes movimentos ocorrem de cima para baixo sob o efeito da gravidade, verticalmente de baixo para cima por capilaridade e lateralmente, de cima para baixo das encostas.

D. Mecanismos de arranjo e agregação de constituintes resultantes de alteração, depois criados por migração.

Estes são os mecanismos complexos que levam à criação de cores, agregados e vazios.

4.2.6 NOMEAR OS HORIZONTES

Estes mecanismos (transformações, migrações, deslocações de certos constituintes do solo) conduzem à formação cronológica e ao desenvolvimento de um ou vários horizontes que diferem entre si pela presença e proporção de matéria orgânica, de matéria mineral e de rocha alterada.

A presença num horizonte de certas caraterísticas morfológicas específicas (constituintes, caraterísticas pedológicas, estrutura, cor, etc.) combinadas com vários outros elementos (posição em relação a outros horizontes, etc.) permitiu aos pedólogos definir mais de 70 tipos de horizontes conhecidos como horizontes de referência.

E os horizontes de referência são denominados por letras: O, A, B, E, S, C, R, M.... de acordo com uma nomenclatura internacional.

Segue-se uma descrição dos principais horizontes de referência.

A. *Horizontes O (horizontes orgânicos)*

Estão em contacto com a atmosfera e a litosfera. Organo-minerais, de cor escura, são essencialmente constituídos por detritos vegetais mais ou menos transformados, mas ainda reconhecíveis.

A espessura varia com a intensidade da atividade biológica e com o clima. Em função da sua espessura, o horizonte O divide-se em três camadas sobrepostas: OL, ou folhada composta por detritos vegetais não decompostos; Of, a camada de fermentação, onde os detritos vegetais são parcialmente decompostos pela atividade biológica; Oh, a camada de humificação, onde as plantas desapareceram e são transformadas em húmus.

Consoante o número de camadas presentes, são utilizadas as palavras *Mull*, *Moder* ou *Mor*.

B. *Horizontes A (horizontes organo-minerais)*

De cor escura e situado abaixo do horizonte O, é constituído por detritos vegetais e animais decompostos em húmus (humificação). Contém matéria orgânica e mineral.

C. *Horizontes E (horizontes minerais, conhecidos como horizontes eluviais)*

Encontram-se abaixo do horizonte A, essencialmente minerais, lixiviados, empobrecidos em argilominerais, sais, carbonatos, hidróxidos, de cor clara.

D. *Horizontes B (horizontes minerais iluviais)*

Situados sob os horizontes E, onde se acumulam elementos (argilas, ferro, alumínio), são enriquecidos em argilominerais, sais, carbonatos e hidróxidos.

E. *Horizontes* Horizontes minerais

F. *Horizontes C*

Correspondem ao leito rochoso mais ou menos alterado.

G. *Horizontes R, M e D*

R: rocha dura; M: rocha mole e solta; D: rocha retrabalhada que pode ou não ter dado origem ao material sobrejacente.

Cada horizonte (O, A, E, B, ...) é subdividido em subgrupos de acordo com a evolução da pedogénese e a proporção de certos constituintes do solo. Por exemplo, em função da importância dos minerais presentes, os principais tipos de horizonte B são os seguintes Bt (argila), Bo (hidróxidos de ferro, al), Bh (matéria orgânica), Bca (calcário) ...

4.2.7 HORIZONTES E DIFERENCIAÇÃO DO SOLO

Consoante a sucessão e a natureza dos horizontes sobrepostos, temos solos mais ou menos diferentes, mais ou menos evoluídos. Por exemplo, em solos ligeiramente diferentes, a sucessão de horizontes é do tipo : A-C-R; em solos moderadamente diferentes, a sucessão de horizontes pode ser : A- S-C-R e em solos muito diferentes a sucessão de horizontes pode ser : A-E-Bt-S-C-R.

Xisto calcário = rocha que contém minerais de silicato e calcário. A alteração desta rocha produz areias, siltes, argilas e calcário.

Fase 1: solo com poucas diferenças.

Alteração do xisto calcário e acumulação superficial de matéria orgânica; o solo divide-se em dois horizontes: um horizonte orgânico e um horizonte de alteração. As transições entre estes dois horizontes e com a rocha-mãe são graduais; o solo é pouco diferenciado.

Fase 2: solo moderadamente diferenciado

A alteração continua, o solo aprofunda-se, a matéria orgânica continua a acumular-se à superfície, o calcário deixa os horizontes superficiais e acumula-se em profundidade. O solo divide-se em três horizontes: um horizonte orgânico lixiviado de calcário, um horizonte lixiviado de calcário e um horizonte de acumulação de calcário e alteração de xisto. As transições entre estes três horizontes e a rocha-mãe são graduais; o solo é moderadamente diferenciado.

Fase 3: pavimento muito diferente

A alteração continuou, o solo continuou a aprofundar-se; a lixiviação e a acumulação de calcário aumentaram, a lixiviação e a acumulação de argila e de ferro aumentaram, a matéria orgânica tornou-se menos abundante à superfície devido ao esgotamento da argila, o solo tornou-se Albert ALOMBA, Introduction a la Geologie.
diferenciado em quatro horizontes. Estes são: um horizonte orgânico lixiviado de calcário, argila e ferro; um horizonte lixiviado de calcário, argila e ferro; um horizonte bem drenado lixiviado de calcário mas acumulando argila e ferro; um horizonte de acumulação de calcário e alteração de xisto. Todas as transições entre horizontes são graduais. O solo tornou-se muito diferenciado.

4.2.8 ELEMENTOS QUE CARACTERIZAM OS HORIZONTES

A cor, a textura e a abundância dos elementos grosseiros e das organizações elementares são utilizadas para descrever e caraterizar os horizontes. Passamos verticalmente de um horizonte para outro modificando as caraterísticas destes elementos.

A. A cor de um horizonte

A cor indica a fisionomia de um horizonte e pode ser homogénea ou heterogénea, variando vertical e lateralmente.

As cores do solo são interpretadas em termos dos seguintes constituintes e mecanismos:

- *Actividades biológicas, animais e vegetais.*

Acumulam matéria orgânica. As cores escurecem. A matéria orgânica adquire uma cor mais escura (preto, castanho, cinzento escuro).

- *A migração e acumulação de minerais (argila, ferro, calcário, sais, etc.).*

Os horizontes empobrecidos em argila e ferro tornam-se mais claros, enquanto os enriquecidos se tornam amarelos, castanhos ou vermelhos. Os horizontes ricos em calcário ou em sais tornam-se brancos. Os calcários e os sais solúveis (cloretos e carbonatos) tornam-se brancos.

- *Regimes hídricos*

Os horizontes bem drenados, que recebem muita água e secam rapidamente, são vermelhos; os horizontes moderadamente bem drenados são castanhos ou amarelos; os horizontes mal drenados são cinzentos ou mosqueados.

O ferro apresenta cores diferentes consoante o seu estado: o ferro ferroso apresenta cores cinzentas e azuis, devido ao excesso de água; a goelite apresenta cores castanhas e amarelas FeO(OH) na presença de humidade constante sem excesso; a hematite (óxido de ferro, Fe2O3) apresenta uma cor vermelha.

A observação e a intensidade das cores permitem uma primeira visão da constituição e do funcionamento do solo: a sua fertilidade, a sua hidromorfia...

B. A textura de um horizonte

A granulometria determina a *textura do solo*. Numa amostra de solo retirada de um horizonte, observam-se diferentes tipos de compostos: elementos grosseiros (seixos, calhaus, etc.) maiores que 2 mm e solo fino composto por elementos mais finos que são classificados em três grupos principais de acordo com o seu tamanho:

- argilas: partículas com um diâmetro inferior a 2p (microns)
- silte: partículas de 2 a 50 p (microns) de diâmetro
- Areia: partículas com um diâmetro compreendido entre 50 e 2000 p (microns) ou 2 mm.

Dentro de um horizonte, as proporções de seixos, areia, argila e silte variam e determinam *a textura do solo*. Consoante a proporção dos diferentes elementos, utilizamos os termos: silte arenoso, areia siltosa, areia argilosa, argila arenosa, argila siltosa, etc.

A textura influencia o regime hídrico do solo (circulação, retenção de água e capilaridade). *As texturas arenosas* têm baixas reservas de água, as texturas silto-argilosas são reservatórios de água e as texturas argilosas podem bloquear a circulação. Estas diferentes texturas terão um impacto no abastecimento de água à vegetação, no seu desenvolvimento, na erosão do solo e no abastecimento das águas subterrâneas e dos rios.

C. As organizações básicas de uma linha do horizonte

O termo *organização elementar* é utilizado nas ciências da terra para exprimir a disposição espacial, funcional e genética dos constituintes do solo. Existem três tipos de organização elementar: agregados, vazios e caraterísticas pedológicas.

- Agregados

Um horizonte é constituído por pequenos volumes individuais denominados agregados. Os agregados resultam da reunião de partículas elementares e da fissuração dos agregados. Os agregados definem a estrutura do solo.

Um horizonte pode ter uma estrutura fragmentária ou contínua.

Numa estrutura fragmentária, o horizonte é constituído por agregados. Existem três tipos de agregados: arredondados, angulares e laminados. Dentro de um mesmo horizonte, a sua morfologia varia vertical e horizontalmente. Cada tipo de agregado tem significados específicos em função dos seus constituintes, da sua génese, da sua função e da sua fertilidade. Por exemplo :

As estruturas arredondadas e fragmentadas proporcionam um ambiente acolhedor (poroso, friável) para as raízes, permitindo que os gases e a água circulem facilmente e que a vida vegetal e animal se desenvolva.

As estruturas fragmentárias angulares indicam a presença de argila, a ausência de atividade biológica e o baixo teor de matéria orgânica; as estruturas fragmentárias laminadas confirmam a presença significativa de argila, a falta de porosidade e um solo rico em $Ca2+$ e/ou $Mg2+$ que não pode ser utilizado pelas raízes.

Numa estrutura contínua, não existem agregados, como na areia.

Figura 4.2 *Agregados, cascalho, areia e argila.*

- Espaços vazios

Os *vazios* (ou poros) são os espaços, em grande parte invisíveis a olho nu, deixados livres entre as partículas que compõem o horizonte, depois de terem sido empilhadas. Ocupados por constituintes líquidos ou gasosos, servem de canais de circulação da água, do ar e da matéria viva, e caracterizam a porosidade do horizonte. A porosidade varia de um horizonte para outro em função da sua morfologia, desde 20% para um horizonte pouco poroso e muito compacto até 80% para um horizonte muito poroso.

A morfologia e o volume dos vazios dependem de vários factores, tais como o tamanho das partículas constituintes do solo (argila, areia, etc.), a atividade biológica (raízes, animais, minhocas, etc.), o grau de secagem do solo, etc. A porosidade dos horizontes determina a amplitude das trocas gasosas (dióxido de carbono), minerais e líquidas entre o solo, as plantas e a atmosfera. Desempenha um papel importante na circulação das águas pluviais e, por conseguinte, na regulação do abastecimento de água às plantas e às águas subterrâneas.

- Caraterísticas pedagógicas

O termo "elementos pedológicos" abrange nódulos, películas, bandas e pedotubos.

O movimento das partículas de argila, areia e silte, a migração e a precipitação de elementos em solução (calcário, sais, matéria orgânica), o movimento dos animais e o desenvolvimento das raízes conduzem à criação de caraterísticas pedológicas, ou seja, à formação de acumulações de matéria (argila, calcite, carbonatos, hidróxido de ferro, hidróxido de alumínio, etc.) sob a forma de películas, nódulos e bandas.

A presença desta ou daquela caraterística pedológica determinará as caraterísticas do solo, o seu estado de evolução, a sua fertilidade, a sua porosidade, etc.

4.3 LITEIRAS DE PLANTAS

De um modo geral, entende-se por folhada o conjunto das folhas mortas e dos detritos vegetais em decomposição (mineralização primária, humificação, mineralização secundária) da vegetação epígea que cobre o solo (florestas, jardins, sebes, etc.).

O lixo florestal é composto principalmente por folhas e agulhas de madeira macia, representando os ramos e os frutos apenas 21% nas florestas mistas e 20 a 40% nas florestas de coníferas.

As plantas herbáceas contribuem com menos de 5% nas florestas temperadas2. A principal contribuição de azoto (60 a 70%) e de certos nutrientes como o cálcio e o fósforo (75 a 95%) está associada à queda anual de folhada fresca3. Variando, em média, entre 3 (agrossistemas) e 10 toneladas (florestas tropicais) de matéria seca por hectare e por ano, a queda de folhada aérea é a forma mais importante4 de devolver matéria orgânica ao solo5.

Em pedologia, a folhada é a camada superficial que cobre o solo e faz parte dos horizontes ditos "holorgânicos". É constituída por matéria orgânica: resíduos vegetais (folhas, ramos, pólen), resíduos fúngicos (esporos, micélio) e resíduos animais (principalmente excrementos de invertebrados e cadáveres) que se depositam no solo ao longo do ano, inalterados ou apenas ligeiramente alterados.

De um modo geral, a folhada só se encontra à superfície de um perfil de solo não trabalhado, normalmente na floresta. Os pedólogos designam as camadas do solo por horizontes: a folhada encontra-se acima e na origem do horizonte húmico.

Os detritos vegetais (folhada das partes aéreas, raízes em decomposição) constituem uma zona de elevada atividade biológica ("hot spot microbiano") conhecida como detritosfera, tal como o volume de solo que rodeia as raízes vivas, a rizosfera6.

Figura 4.3 *Folhas de plantas (Futura Planete).*

A desintegração da folhada vegetal pelos animais leva à formação de *húmus coprogénico*: *Moder* ou *Mull*; a desintegração da folhada pelos fungos sapróftas do solo dá origem a *húmus micogénico* ou *Mor*.

4.4 EVOLUÇÃO DAS FORMAS DE HÚMUS FLORESTAL

As formas de húmus são definidas em sentido lato: englobam todos os horizontes superficiais que contêm matéria orgânica. Condicionadas principalmente pela atividade biológica do meio interno, estão estreitamente ligadas à composição da folhada e às condições do meio externo.

Os autores distinguiram três tipos básicos de húmus que se formam em meios aéreos: Mull, Moder e Mor, e dois para meios hidromórficos: turfa e anmoor.

Nestes últimos meios, mais ou menos temporariamente encharcados (frequentemente devido à presença de um lençol freático), os processos de humificação são condicionados por fases de anaerobiose.

4.4.1 A MULL

Os matos são formas de húmus ligadas a uma atividade elevada da fauna e dos microrganismos do solo. As suas principais caraterísticas podem ser definidas da seguinte forma: decomposição rápida dos detritos, incorporação parcial de resíduos vegetais num horizonte organo-mineral misto onde também se formam agregados "argilo-húmicos" (horizonte A1 ou Ah, com uma estrutura grumosa formada por minhocas anécticas, ou seja, minhocas que se alimentam de folhas).

A manta de referência, descrita por muitos autores, é a manta eutrófica ativa, formada em condições favoráveis à atividade biológica e sobre um material de origem que contém quantidades suficientes, mas não excessivas, de argila e de cálcio.

Caracteriza-se igualmente pelo seu elevado teor de azoto A1. As outras formas de mull têm uma morfologia semelhante, mas apresentam diferenças notáveis: mull carbonatada, espessa e contendo carbonato de cálcio ativo; mull ácida, pouco espessa, formada sobre material pobre em cálcio, mas contendo ferro livre; mull andica, espessa e escura, com uma estrutura fina, formada sobre cinzas ou rochas vulcânicas; finalmente, mull chernozémica da estepe florestal de clima continental, cujos horizontes Ah, de cor cinzenta escura ou preta, são excecionalmente espessos.

O Mull é um tipo de húmus que se forma num ambiente de oxigénio (aerobiose). Apresenta uma cor acastanhada e uma estrutura granular. Desenvolve-se num meio biologicamente ativo (pedofauna importante) e tem um pH próximo do neutro (ph = 7).

4.4.2 MOR

Mor é uma forma de húmus produzida pela decomposição lenta e incompleta dos resíduos vegetais por fungos saprófitas do solo; um *húmus micogénico*. Estes dão origem a um horizonte orgânico fibroso mais ou menos espesso (Ao ou O) sobreposto aos horizontes minerais.

A humidificação é praticamente inexistente, não se formam agregados argilo-húmicos e a estrutura dos horizontes mais transformados (H) limita-se a uma associação de matéria orgânica fresca muito dividida e de pelotas fecais de artrópodes inferiores.

O mor é um tipo de húmus que se forma num ambiente de oxigénio (aerobiose). Tem uma estrutura fibrosa ou laminada. Forma-se em rochas siliciosas e sob vegetação espinhosa.

4.4.3 MODERADORES

Os Moder apresentam caraterísticas intermédias, embora mais próximas das do Mor do que das do Mull: uma fauna de enchitreídeos (pequenos vermes esbranquiçados ou transparentes) e de minhocas de superfície (epígeas), e uma estrutura do horizonte H comparável à do Mor, embora menos fina.

O Moder é, portanto, um húmus formado por aerobiose, principalmente nas florestas. As minhocas são bastante raras em comparação com o Mull. Os detritívoros são representados por microartrópodes, como os ácaros e os colêmbolos, e por pequenos anelídeos, os enchitreídeos. Os Mulls, tal como os Moders, *são coprogénios de húmus*.

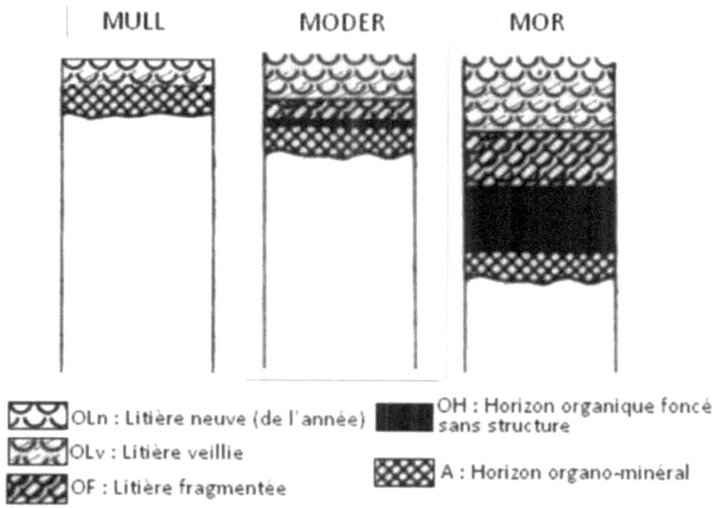

Figura 4.4 *Os diferentes tipos de húmus*

4.5 TIPOS DE SOLO

Existem oito categorias principais de solos zonais na superfície da Terra: *solos podzólicos, solos chernozémicos, solos desérticos, solos ferralíticos ou latossolos, solos vermelhos mediterrânicos, solos ferruginosos ocres tropicais, solos de tundra e solos de montanha.*

4.5.1 SOLOS PDOZÓLICOS

A. Podzols

Os podzóis formam-se em *climas frios* com *elevada pluviosidade*; a vegetação clímax é a floresta de coníferas (taiga).

A folhada é pobre e fibrosa e transforma-se mais facilmente em *mor*, pois o clima é desfavorável à atividade das minhocas e das bactérias. A argamassa formada à superfície pela ação dos fungos é espessa e a mineralização é lenta.

Figura 4.5 *Podzols nas regiões boreais*

Nos períodos *húmidos,* a mor fica retida no solo mineral com uma grande quantidade de *ácidos fúlvicos* (húmicos) agressivos, resultando na *podzolização*, decompondo a argila (montmorilite) em sílica e sesquióxido de alumínio.

Os sesquióxidos de alumínio e ferro, complexados por ácidos orgânicos, são transportados para a profundidade onde formam *horizontes de acumulação B* altamente coloridos.

Sob o horizonte Ao muito espesso, o horizonte Ai podzolizado e lixiviado, composto principalmente por sílica, assume uma tonalidade cinzenta caraterística do *podzol* (cinza).

Em períodos de *seca* e *evaporação* intensa, as soluções acumuladas podem ficar supersaturadas, formando uma crosta dura, conhecida como *allios ou orstein*, que impede a drenagem e a penetração das raízes.

A nível mundial, os podzóis cobrem cerca de 15 milhões de km2 na Rússia, na Escandinávia e no Canadá.

Estes solos *não são muito* favoráveis à nutrição vegetal (base muito pobre) e são difíceis de melhorar (complexo argiloso deficiente). Estão mais bem adaptados à sua vegetação clímax de coníferas, principal *reserva* de *celulose* da biosfera para o fabrico de papel.

Os podzóis são, portanto, solos ácidos (pH inferior a 5), caraterísticos dos climas boreais (solo clímax da taiga) e de certos locais dos climas temperados húmidos (com vegetação de coníferas ou de charnecas).

B. Solos florestais castanhos

Os solos de floresta castanha são formados em climas temperados húmidos; a sua vegetação clímax é a floresta caducifólia, durante a sua folhagem no inverno frio. São solos tipicamente *mull*, caracterizados pela fácil mineralização da folhada e, consequentemente, pela rápida ciclagem de elementos biogénicos.

Figura 4.6 *Solo de floresta castanha*

Os colóides de argila, à base de montmorilonite, estão bem estabilizados devido ao seu elevado estado de permutabilidade; estão misturados com óxidos de ferro que lhes conferem a sua cor caraterística. Não há degradação das argilas, mas sim uma ligeira lixiviação (*a lixiviação do solo é o movimento de nutrientes do solo para camadas mais profundas, causado pela precipitação*).

O perfil A B C compreende os seguintes horizontes:

A1 Mouchão preto-castanho, com alguns cm de espessura;

A2, castanho, com grumos ;

B castanho, mais argiloso, com uma estrutura poliédrica.

Os solos castanhos, ou Brunisols, são a forma clássica de solo evoluído que se encontra sob florestas de folha caduca nas zonas temperadas (Europa Ocidental, Canadá e EUA). Contêm geralmente húmus do tipo "mull", com um pH do horizonte A entre 5 e 6.

4.5.2 SOLOS CHERNOZÉMICOS

A. Chernozems ou terra negra

Os chernozems formam-se em leitos de carbonato de cálcio e magnésio (mais frequentemente), num clima continental semi-árido. A vegetação clímax é a estepe gramínea densa.

O *perfil*, de *tipo AC*, é caracterizado por um horizonte A1, preto e muito espesso (60150 cm), saturado em cálcio e magnésio, os colóides húmicos são floculados (o solo é muito arejado) e formam complexos bem agregados com a argila, ricos em ácidos húmicos cinzentos com elevado teor de azoto.

A abundância de húmus deve-se: à enorme massa orgânica fornecida pelas Gramíneas; à atividade biológica limitada aos períodos favoráveis do clima semi-árido; e à presença de argila, que protege o húmus da decomposição microbiana.

O sistema radicular altamente desenvolvido das Gramíneas, localizado neste horizonte, permite às plantas reabsorver rapidamente os elementos minerais provenientes da decomposição do húmus.

Figura 4.7 *Os tchernozems da RDC.*

Os chernozems encontram-se na Europa Central, na Ucrânia, na Ásia Central, nas pradarias americanas e nas pampas argentinas. Estes são os solos mais férteis do mundo e muito adequados para o cultivo de cereais.

B. Solos calcários e sierozemas

Estes solos formam-se em climas continentais mais áridos, são menos ricos em matéria orgânica e menos descarbonatados à superfície do que os chernozemes.

A vegetação estepária é mais escassa. O horizonte superficial A_1, com cerca de cinquenta centímetros de espessura, é castanho chocolate devido ao húmus calcário.

Nas regiões mais secas, o solo é pobre em húmus e a cor geral do solo é castanha (*solos* de estepe *castanha*).

Na orla dos desertos, o solo é pobre em húmus e desprovido de óxidos de ferro, com um horizonte superficial cinzento e rico em carbonatos. A evaporação intensa pode levar à eflorescência de uma crosta de gesso-calcário à superfície (*solos cinzentos* subdesérticos ou *sierozems*). Os sierozems são menos férteis do que os chernozems.

4.5.3 SOLOS DESÉRTICOS

Os solos desérticos formam-se sob uma vegetação que é naturalmente muito escassa.

A decomposição da rocha-mãe é puramente mecânica; a ausência de água não permite a decomposição química. Não existe húmus. Pode fazer-se uma distinção entre o deserto de pedra e o deserto de areia.

A evaporação traz à superfície grandes quantidades de elementos biogénicos. Estes solos são potencialmente muito ricos e podem ser produtivos se lhes for fornecida água suficiente.

As grandes zonas desérticas incluem cada vez mais muitos solos zonais ou azonais: solos sujos, solos de oásis, solos de ouadi, etc.

Figura 4.8 *O fundo do deserto (o deserto de Wadi Rum).*

Um deserto é uma área de terra onde a precipitação é rara e escassa e onde, consequentemente, as condições de vida são hostis para as plantas e animais. Os desertos são ambientes extremos. A ausência de vegetação expõe a superfície desprotegida ao processo de desnudação.

4.5.4 SOLOS FERRALÍTICOS OU LATOSSOLOS

A. Latossolos

Num clima tropical, húmido ou equatorial, a decomposição das rochas marinhas é muito mais vigorosa do que num clima temperado; existe uma forte tendência para a lixiviação da sílica e para a acumulação de sesquióxidos de alumínio e de ferro num solo profundo com horizontes frequentemente distintos; os elementos biogénicos são lixiviados a uma profundidade considerável.

Se as rochas de origem forem *básicas*, as bases e a sílica são rapidamente lixiviadas, deixando uma mistura de hidróxido de ferro e alumínio ou bauxite rica em alumina livre ou *gibbsita*, o principal minério de alumínio (*ferralites*).

Se as rochas de origem forem *ácidas* e ricas em sílica, parte da sílica combina-se com a alumina para formar argilas pouco férteis do grupo *da caulinite*, misturadas com hidróxido de ferro com pouca alumina livre (*solos ferralíticos*).

Com *ou sem um* horizonte B espesso e vermelho de acumulação de ferro e alumina, estes solos são pouco férteis. São mais adequados para a vegetação clímax das florestas equatoriais densas.

Figura 4.9 *Solo ferralítico*

Os latossolos são solos de florestas tropicais com teores relativamente elevados de óxidos de ferro e alumínio. São geralmente classificados como Oxisols ou Ferralsols empobrecidos.

B. Formação da armadura

Quando a floresta é destruída pelo homem, deixada em pousio e transformada em savana, o horizonte B, enriquecido em $Fe2O3$, é finalmente desnudado pela erosão, ficando assim exposto ao sol e aos incêndios florestais; há desidratação dos óxidos de ferro, que endurecem em concreções pisolíticas (esférulas do tamanho de ervilhas) ou vermiculares.

Estas concreções fundem-se para formar carapaças ou couraças esponjosas com a consistência e a cor do tijolo.

É a chamada laterite (latim para tijolo), um termo que os pedólogos substituem atualmente por ferralite.

Os solos ferralíticos podem ser de vários subtipos: vermelhos, amarelos, ocres ou cinzentos.

Quando esta couraça está naturalmente exposta, ou quando a erosão removeu os horizontes que cobrem a couraça fóssil, pode dizer-se que o solo está morto; impermeável à água e às raízes.

4.5.5 SOLOS VERMELHOS MEDITERRÂNICOS

Os solos *de terra rosa* formam-se em climas mediterrânicos típicos (invernos húmidos e verões muito secos) e em rochas calcárias duras.

Sob a ação do calor e da humidade elevada, a alteração profunda da rocha liberta argilas e quantidades de óxidos de ferro *vermelho*.

A água de infiltração, que se dissolve à superfície da rocha, forma um *horizonte de cor mais clara em profundidade,* onde se acumulam carbonatos.

A terra rosa forma-se localmente, onde a vegetação é escassa, como resultado da erosão do solo castanho mediterrânico. A sua formação pode também ser o resultado de um processo evolutivo antigo, que remonta a um período geológico com um clima tropical húmido (*solos fósseis*).

4.5.6 SOLOS TROPICAIS OCRE FERRUGINOSOS

Nos climas tropicais secos, na zona espinisilva ou nas estepes semidesérticas tropicais, os solos, mais profundos do que nas regiões temperadas, são mais ricos em óxido de ferro e de cor amarela ou ocre.

Estes solos são ricos em concreções ferruginosas, mas não formam couraças; constituem a *transição entre* os solos mediterrânicos e os ferralitos.

4.5.7 SOLOS DE TUNDRA

Os solos de tundra são caraterísticos das *regiões polares* com pouca vegetação. As baixas temperaturas reduzem a atividade química e biológica.

Um *perfil AC forma-se* em rochas não decompostas ou em subsolos permanentemente congelados.

A matéria orgânica decompõe-se muito lentamente, formando um *húmus* muito espesso, de *cor castanha turfosa*. A lixiviação e a podzolização são fracas. Formam superfícies impróprias para o cultivo.

Figura 4.10 *Solo de tundra*

Trata-se de uma formação vegetal que se encontra em climas frios, polares ou montanhosos, constituída principalmente por um único estrato vegetal.

4.5.8 SOLOS DE MONTANHA

Encontram-se aqui todos os tipos *de solos*, cobrindo todas as grandes *cadeias montanhosas*, sendo os mais férteis os solos florestais castanhos, os chernozemes e os solos aluviais.

Figura 4.11 *Solos de montanha*

4.6 PRINCIPAIS ELEMENTOS QUÍMICOS DO SOLO ESSENCIAIS PARA O DESENVOLVIMENTO DAS PLANTAS

Existem cerca de 50 elementos que podem constituir substâncias inorgânicas nas plantas. Mas é importante que estes sejam *essenciais*. Um *elemento essencial* é um elemento químico que a planta necessita durante o seu ciclo de crescimento, a sua reprodução, em suma, o seu ciclo de desenvolvimento, produzindo outra geração.

Se quisermos obter informações sobre as necessidades nutricionais das plantas através do estudo da sua composição química, temos de fazer uma distinção clara entre *elementos essenciais* e elementos que só estão presentes na planta.

Os minerais presentes no solo reflectem, até certo ponto, a *composição química do solo*. Por exemplo, uma planta que cresce em rejeitos de minas pode conter ouro ou prata, mas estes não têm qualquer função nutricional.

Para determinar os elementos químicos essenciais, os investigadores utilizam *a hidroponia,* que consiste em cultivar plantas sem solo, diretamente em soluções minerais ou num meio inerte que contenha essas soluções. Esta técnica permitiu-nos encontrar 17 elementos essenciais para todas as plantas, nove dos quais são elementos maiores e os outros elementos menores.

Figura 4.12 *Hidroponia*

Os nove elementos principais ou *macroelementos* são elementos de que as plantas necessitam em quantidades significativas. Seis deles são os principais constituintes das substâncias orgânicas que formam a estrutura de uma planta: carbono, oxigénio, hidrogénio, azoto, enxofre e fósforo. Os outros três são o cálcio, o potássio e o magnésio.

Os outros elementos essenciais são designados por elementos *menores* ou *micronutrientes*, porque são elementos de que a planta necessita em quantidades muito reduzidas: ferro, cloro, cobre, manganês, zinco, molibdénio, boro e níquel, nomeadamente. São úteis apenas como *cofactores* em reacções enzimáticas.

É de notar que os níveis de diferentes minerais podem variar consideravelmente de uma espécie vegetal para outra, ou mesmo de um órgão para outro.

É também de notar que estes elementos menores são essenciais para a vida de uma planta, e qualquer *deficiência* num ou mais deles pode enfraquecer ou mesmo matar a planta.

Os elementos químicos essenciais para as plantas são absorvidos sob a forma de *iões* minerais, *água* ou *dióxido de carbono*. Em geral, os iões minerais são absorvidos pelo mecanismo de transporte ativo ao nível dos pêlos absorventes ou das micorrizas, a água é absorvida por osmose e o dióxido de carbono por difusão simples ao nível dos estomas.

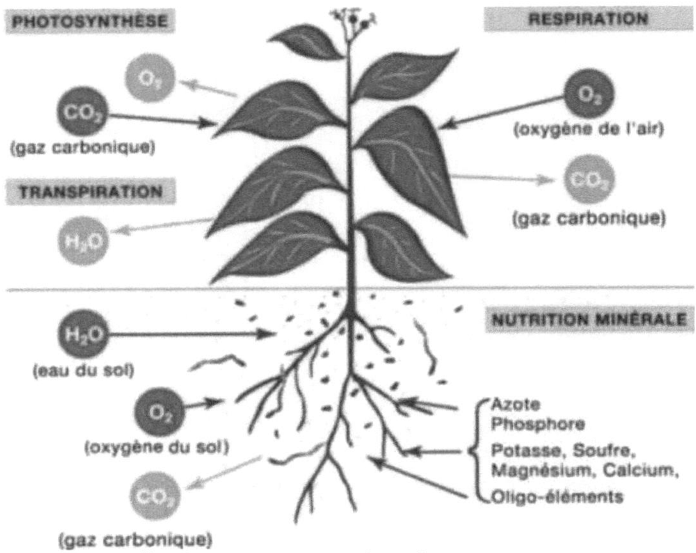

Figura 4.13 *Absorção de nutrientes pelas plantas*

4.7 FACTORES ABIÓTICOS NO SOLO

O solo é um ambiente complexo, habitado por uma fauna abundante e muito diversificada. Há muitos factores abióticos envolvidos na ecologia do solo. Limitar-nos-emos aos principais.

4.7.1 ÁGUA NO SOLO

A água no solo encontra-se em estados específicos, que os pedólogos classificaram em quatro categorias.

A. Água higroscópica

Provém da humidade atmosférica e forma uma fina película à volta das partículas do solo. É retido de forma muito energética e não pode ser utilizado por animais ou plantas.

B. Água capilar não absorvível

Ocupa poros mais pequenos que 0,2^ e 8ц de diâmetro. É normalmente absorvido pelas plantas fora dos períodos chuvosos e permite a atividade de bactérias e pequenos protozoários como os flagelados, ou os camoeubos em certos casos.

C. Água por gravidade

Ocupa temporariamente os poros maiores do solo. Esta água escorre sob a ação da gravidade, exceto quando a drenagem é impossível. Distingue-se a água de escoamento rápido, que circula nos poros de grande diâmetro e existe apenas nos solos arenosos, da água de escoamento lento, que pode permanecer durante vários dias nos poros mais finos e não capilares.

Para avaliar a quantidade de água disponível num solo para a vegetação, determinamos o ponto de murcha permanente, ou seja, a quantidade de água (em % do peso total) que ainda se encontra no solo quando as plantas começam a murchar permanentemente. Este ponto pode ser determinado quer por um método biológico (uma planta é cultivada num vaso e depois deixada a murchar) quer por um método biológico (uma planta é cultivada num vaso e depois deixada a murchar).

4.7.2 TEXTURA E ESTRUTURA DO SOLO.

A. Textura do solo

A textura do solo corresponde à sua composição granulométrica. Os vários elementos que compõem o solo são classificados nas seguintes categorias:

- Areias grossas de 0,2 mm a 2 mm
- Areias finas de 0,2mm a 20^.
- Os colóides minerais (principalmente argilas) com menos de 2 д elementos com mais de 2 mm constituem os cascalhos.

B. Estrutura do solo

A estrutura do solo é outro conceito. Quando os colóides do solo estão dispersos e os seus grãos isolados, independentemente do seu tamanho, *diz-se que a estrutura é particulada*. Quando os colóides estão floculados em agregados mais ou menos estáveis, *diz-se que a estrutura é granulosa*. A floculação ocorre quando os iões *Ca++* e *Mg++* são abundantes. A estrutura do solo é muito importante. É particularmente importante para o arejamento do solo. Os solos com uma estrutura grumosa são permeáveis e bem arejados, enquanto os solos com uma estrutura particulada são mais ou menos impermeáveis, consoante o seu teor de colóides, e, por conseguinte, mais ou menos mal arejados.

A porosidade do solo depende tanto da *textura* como da *estrutura do* solo.

A granulometria desempenha um papel importante na distribuição dos animais nas águas subterrâneas e nas areias das praias.

4.7.3 AREJAMENTO DO SOLO

A porosidade do solo regula a circulação da água, do ar e de muitos animais. Um solo compacto e pouco poroso pode impedir os animais sensíveis à temperatura e à humidade de migrarem verticalmente, tornando assim impossível a sua existência.

4.7.4 SALINIDADE

Os solos sujos ou solos halomórficos apresentam-se sob diversas formas. Alguns são solos salinos ou *solontchaks*. O seu pH é inferior a 8 e o sódio não constitui mais de 50% dos catiões em solução. Outros são solos alcalinos, ou solonetz, contendo um excesso de sódio que forma carbonato de sódio, com um pH que pode atingir 9. Os solos sujos têm uma flora e uma fauna muito específicas.

4.7.5 pH

Não se pode dizer que o pH do solo actua diretamente. Na realidade, ele é o resultado do conjunto dos diferentes factores pedológicos. O pH depende essencialmente dos colóides argilosos e húmicos. $^{+++++++}$Estes são electronegativos e estão rodeados de catiões *H, Ca, Mg, Na* e *K.* O pH depende também da natureza do coberto vegetal e das condições climáticas (temperatura e pluviosidade). O pH dos solos calcários é de cerca de 8; o dos solos sujos pode atingir 9,5; nas turfas de esfagno e nos podzóis, o pH pode ser inferior a 4.

Os protozoários suportam variações de pH de 3,9 a 9,7 consoante a espécie; *os Paramecium* suportam pH de 5 a 9.

Os lombricidas podem suportar valores de pH de 4,4 e superiores, enquanto entre 4,5 e 8 as preferências são difíceis de estabelecer devido à interação com vários factores, como o teor de cálcio.

Os moluscos dependem do pH do solo devido à sua necessidade de calcário, pelo menos as espécies que possuem uma concha. O maior número de espécies encontra-se em solos com um pH de 7 ou ligeiramente superior (7 a 8).

4.8 IMPORTÂNCIA DO SOLO NA NUTRIÇÃO DAS PLANTAS

Permitem a infiltração de água, contribuem para o armazenamento de água e armazenam nutrientes para as plantas. Resistem à compactação e proporcionam um ambiente saudável e arejado para as raízes.

O solo e a vegetação são, portanto, interdependentes. Um solo fértil favorece o crescimento das plantas porque lhes fornece nutrientes, actua como reservatório de água e sustenta as plantas que nele se enraízam.

PERGUNTAS DE REVISÃO SOBRE O CAPÍTULO 4

1. Explique estes termos: solo, leito rochoso, pedologia, edafologia, fauna edáfica, uma caraterística abiótica, uma caraterística biótica, flora, uma catástrofe natural, um horizonte do solo, lixiviação, podzolização, húmus, folhada vegetal, solos zonais, solos interzonais, solos azonais, textura do solo, estrutura do solo, porosidade do solo, perfil do solo, cobertura do solo, topografia, tundra, mangal.
2. Quais são as principais fases da formação do solo?
3. Designar os principais horizontes do solo e indicar as caraterísticas essenciais de cada um.
4. Explicar como se formam os horizontes do solo.
5. Qual é a diferença essencial entre o húmus micogénico e o húmus coprogénico? O que significam Mull, Moder e Mor?
6. Quais são as 8 principais categorias de solos zonais que cobrem a superfície do globo?
7. Quais são as principais caraterísticas dos seguintes solos: podzols, latosols, chernozems e solontchaks?
8. Descreva estes termos para as plantas: elementos químicos essenciais, elementos químicos principais, elementos químicos secundários, hidroponia, doenças carenciais, elementos químicos co-factores de reacções enzimáticas, estomas, micorrizas, mutualismo, simbiose, osmose, transporte ativo, pêlos absorventes.
9. Mostre que o pelo absorvente é uma célula adaptada à sua função. E o que é uma adaptação?
10. Mostrar como os elementos edáficos podem ser responsáveis pela repartição e distribuição dos organismos vivos.
11. Indique 5 factores abióticos importantes do solo.
12. Qual a importância do solo na nutrição das plantas?

CAPÍTULO 5

LES ROCHES

5.1 MINERAL

Um *mineral* é uma espécie química inorgânica que ocorre naturalmente, geralmente na forma de um sólido cristalino. A classificação baseia-se nas suas caraterísticas químicas e cristalográficas.

Cerca de 98% da crosta terrestre é constituída por oito elementos químicos: O, Si, Al, Fe, Mg, Ca, Na e K. Estes elementos constituem a base dos minerais que compõem a crosta terrestre.

Eis alguns exemplos das principais classes de minerais: silicatos (que, por si só, constituem mais de 98% da crosta terrestre), carbonatos, fosfatos e sulfatos.

Os principais *silicatos* são o quartzo, os feldspatos, os anfibólios, os piroxénios, as micas, as biotites e as olivinas.

As propriedades físicas de um mineral dependem da sua cor, clivagem ou fratura, dureza, brilho e densidade.

Outras *propriedades físicas* de um mineral, como a transparência, a tenacidade, o sabor, o tato, o odor, a fusibilidade, a radioatividade, o magnetismo (magnetite), a condutividade, etc., podem ser utilizadas para identificar uma determinada espécie ou para fins industriais.

5.2 LES ROCHES

As rochas são materiais formados, em geral, a partir de um conjunto de minerais naturais. Uma rocha é, portanto, um conjunto de minerais, enquanto um mineral é um conjunto ordenado (cristal) de átomos.

Existem 3 grandes grupos de rochas, que se distinguem pelo seu modo de formação: as rochas magmáticas (ou ígneas): resultantes da cristalização de um magma, as rochas sedimentares: são rochas exógenas, ou seja, formadas à superfície da Terra, e as rochas metamórficas: rochas resultantes da transformação de uma rocha original para o estado sólido, na sequência de um aumento da pressão e/ou da temperatura. No decurso desta transformação, cristalizam-se geralmente novos minerais (neoformas) e a rocha adquire uma textura particular (por exemplo, xistosite = débito estratificado).

Todas estas rochas, a partir do momento em que entram em contacto com a atmosfera, qualquer que seja a sua origem, composição ou textura, estão sujeitas à ação de diversos factores que conduzem à sua *alteração*.

Submetidas a *factores* físicos, químicos e biológicos, as rochas continentais superficiais, mesmo as mais resistentes, são alteradas. As condições climáticas têm uma grande influência na forma como esta alteração se processa.

A *observação* de rochas que sofreram alterações num determinado período geológico pode, portanto, fornecer informações sobre as condições que prevaleceram nessa altura.

As torrentes, os rios e os ribeiros proporcionam bons locais de observação da *erosão, do transporte* e *da deposição de* materiais removidos pela água corrente. A experiência de *Hjulstrom* estabeleceu a importância da dimensão do material no *fenómeno da erosão. sedimentação.*

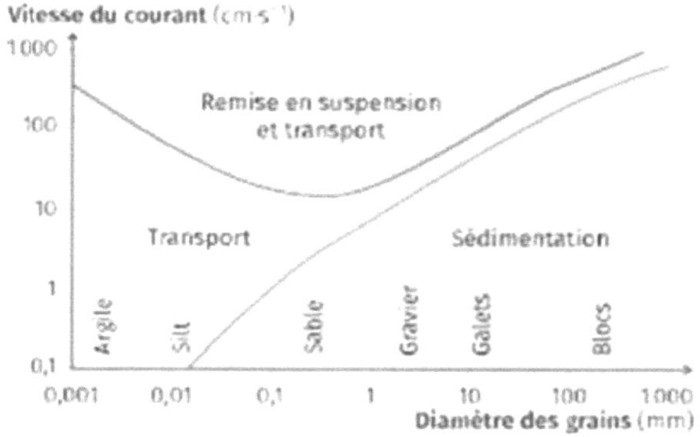

Figura 5.1 *O diagrama de Hjulstrom*

O diagrama de Hjulstrom mostra a atividade de uma partícula detrítica em função da velocidade da corrente na água (mar, rio) em que se encontra, e em função do seu tamanho. Foi inventado pelo geógrafo sueco Filip Hjulstrom (1902-1982).

Filip Hjulstrom (1902-1982).

Por exemplo, um grão de areia com 0,3 mm de diâmetro pode ser arrancado do "substrato" se estiver preso ao fundo quando a velocidade da corrente atinge 100 cm/s. Se a velocidade da corrente for de 10 cm/s, os grãos de areia deste tamanho que circulam continuarão a sua viagem; e a uma velocidade baixa, de cerca de 1 cm/s, os grãos depositar-se-ão.
Podemos assim definir a atividade das partículas, ou seja, se são erodidas, transportadas ou depositadas, em função do seu tamanho e da velocidade da corrente.
Este diagrama data do início do século XX e tem atualmente apenas valor

histórico, embora a sua simplicidade continue a ser atraente. Entre as deficiências do diagrama, conta-se o facto de não ter em conta a profundidade da água e, mais grave ainda, de não mostrar que a sedimentação é causada por uma desaceleração do fluxo e a erosão por uma aceleração do fluxo.

A *granulometria* de um sedimento estuda não só a classificação dos grãos em função do tamanho, mas também a sua forma, aspeto e vestígios de desgaste. Fornece uma grande quantidade de informações sobre o ambiente e as condições de sedimentação.

Os materiais resultantes da degradação das rochas são transportados quer sob a forma de *fragmentos* de dimensões variáveis, quer sob a forma de *iões* em solução. Após numerosos episódios de deposição e de recuperação, acabam por chegar ao *mar*, onde se acumulam sob a forma de *sedimentos*.

5.3 ROCAS MAGNÉTICAS

5.3.1 Estrutura interna e composição do globo

Durante muito tempo, acreditou-se, e a ideia continua a ser partilhada pelo público em geral, que o interior da Terra era a sede de um "fogo central" e que era constituído por matéria fundida que subia à superfície durante as erupções vulcânicas.

Há muito tempo que sabemos que a temperatura aumenta com a profundidade e os mineiros estavam bem cientes desse facto quando desciam ao fundo da mina. O aumento de temperatura medido à superfície é da ordem dos 3°C/100m.

Cálculo rápido: 3°C/100m = 3000°C a uma profundidade de 100km. Ora, 3000°C é muito superior a 1200°C, a temperatura média de uma lava basáltica no Havai. É tentador dizer que o interior da Terra é fundido. Bem, não, porque estamos a esquecer-nos de uma coisa: a pressão inibe a fusão (transição sólido/líquido).

Hoje, graças à geofísica, sabemos muito bem que a grande maioria do globo é sólida, com algumas excepções.

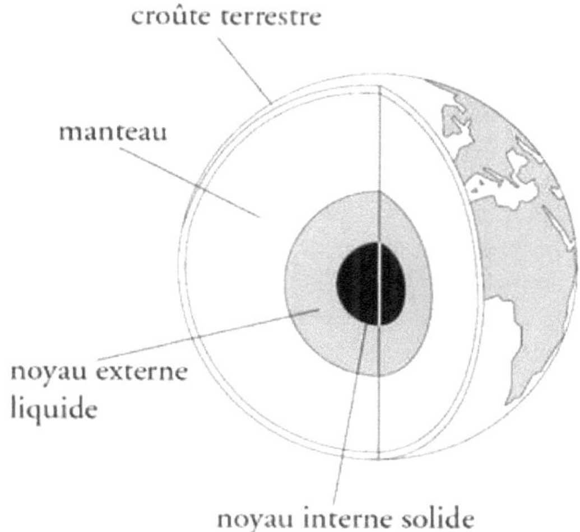

Figura 5.2 *Representação da crosta terrestre*

Raio da Terra: 6378 km no equador, 6356 km nos pólos. De 0 a 30 km de profundidade: a crosta terrestre. A 30 km, temos a chamada descontinuidade de Mohorovicic (ou MOHO). Densidade da crosta: 2,7 a 2,9.

De 30 a 670 km: manto superior e de 670 km a 2900 km: manto inferior.

O manto é composto principalmente por peridotito (uma rocha constituída por olivina, piroxénios, etc.). A fronteira entre o manto superior e o manto inferior é determinada por uma mudança na fase cristalina da olivina (o mineral da peridotite). Voltaremos a abordar este assunto no curso de sismologia.

O manto e a crosta terrestre são sólidos.

De 2900 km a 5000 km: núcleo externo, composto por Fe (86%), S (12%) e Ni (2%). O núcleo externo é líquido (isto também será abordado no curso de sismologia). De 5000 km a 6356 km: núcleo interno, composto por Fe (80%) e Ni (20%).

Existe uma outra repartição dos envelopes de superfície: de 0 a 100 km: Litosfera e de 100 a 670 km: Astenosfera.

Um aspeto a reter: o SiO2 (geralmente conhecido por sílica) é a molécula mais abundante na crusta e no manto da Terra. O SiO2 é a base da família de minerais mais difundida na Terra, os silicatos (quartzo, micas, feldspatos, anfibólios, piroxénios, etc., são todos silicatos). O quartzo é SiO2 puro.

Em conclusão, a Terra é essencialmente sólida e formada por rochas constituídas pelos principais minerais: os silicatos.

O nascimento de um magma nesta Terra sólida é, portanto, um fenómeno bastante excecional que requer condições muito específicas, em particular um desequilíbrio térmico local ou regional. Os magmas formam-se geralmente a profundidades entre 10 e 200 km.

5.3.2 Origens dos magmas

Um magma é um banho fundido natural de natureza silicatada ou aluminossilicatada. O teor de SiO2 (sílica) varia de 40 a 75% em peso.

O magma é constituído por 3 fases:

Fase líquida que representa entre 10 e 70% do magma,

Uma fase sólida: os magmas resultam da fusão parcial de uma rocha. Por conseguinte, permanecem pedaços da rocha primária, bem como pedaços de rocha que foram incorporados no magma à medida que este sobe através das condutas magmáticas.

Uma fase gasosa (maioritariamente água), em proporções variáveis (1 a 7%)

Os magmas também se caracterizam pela sua temperatura, que varia entre 700°C para o magma granítico e 1200°C para o magma basáltico. O magmatismo no contexto da tectónica de placas.

Os fenómenos magmáticos ocorrem em 3 tipos principais de zonas à escala das placas:

Limites de placas divergentes (cristas oceânicas),

Limites de convergência,

Sítios intraplaca,

Existem 3 possibilidades extremas para fundir parcialmente um peridotito no manto (para o levar acima do solidus):

Caso 1: uma queda de pressão pode levar à formação de magma se a temperatura se mantiver mais ou menos constante. É o que acontece nas cristas. A este nível, a litosfera estica-se e adelgaça-se, provocando uma descida de pressão no manto astenosférico que se encontra por baixo e que tende a subir (ver o diagrama de polígonos). O manto sobe sem perder muito calor (descompressão adiabática), o que provoca a fusão e a formação do magma. Uma vez formado, este magma sobe à superfície e forma progressivamente a crosta oceânica (constituída por basalto).

Caso 2: Aumento da temperatura: No meio das placas, existem vulcões que são normalmente pontos quentes (por exemplo, o Havai). Estão situados sobre correntes astenosféricas ascendentes muito lentas (não esquecer que o manto é sólido, mas deforma-se (ver lição 2)) que animam o manto. O calor fornecido por estas plumas quentes ascendentes é suficiente para aumentar a temperatura da base da litosfera e provocar a fusão parcial do manto (entre 70 e 170 km abaixo da superfície).

Caso 3: Diminuição do ponto de fusão pela adição de água: Quando a água é adicionada ao manto, a curva de solidus do peridotito é diminuída. É o que acontece nas zonas de subducção. Nestas zonas, a crosta oceânica (que, em geral, permaneceu sob a água dos oceanos durante várias dezenas de milhões de anos) mergulha no manto terrestre. Transporta consigo uma grande quantidade de água incorporada em minerais hidratados, como argilas, micas, anfibólios, etc... À medida que a placa mergulha, a pressão aumenta e os minerais desestabilizam-se progressivamente, perdendo a sua água. Esta água, libertada a uma profundidade de cerca de cem quilómetros, faz baixar a temperatura de fusão do manto e ocorre a fusão. Todos os vulcões que rodeiam o Pacífico (cintura de fogo) são testemunhos deste tipo de magmatismo.

5.3.3 Fusão parcial e cristalização fraccionada na origem da diversidade das rochas magmáticas

Quando comparamos as composições químicas das rochas geradoras do manto, que se fundem para formar o magma, e das rochas magmáticas, que se formam a partir da cristalização deste magma, verificamos que são muito diferentes. Porquê esta diferença? Existem vários mecanismos que explicam esta diferença, sendo dois deles extremamente importantes: a fusão parcial e a cristalização fraccionada.

A. Fusão parcial :

Quando um material rochoso funde, muito raramente funde completamente (exceto, por vezes, quando a crosta continental funde em condições especiais). Na maioria dos casos, a fusão é apenas parcial e raramente excede os 30%. Esta fusão parcial é incongruente. Por outras palavras, o líquido obtido não tem a mesma composição que a rocha original. Como é que isto é possível? Ora, uma rocha é uma associação de minerais de naturezas diferentes. Nem todos os minerais fundem à mesma temperatura e os elementos químicos comportam-se de forma diferente durante a fusão. Diz-se que alguns elementos são "higromagmatófilos", o que significa que preferem passar para a fase fluida.

Por exemplo: o potássio K passa muito rapidamente pela fase líquida. Assim :

Se a taxa de fusão for baixa, o K e outros álcalis passarão rapidamente para a fase fluida. O líquido será, portanto, rico em K e álcalis.

Se a taxa de fusão for elevada, todo o K e os álcalis estarão no líquido, mas outros elementos menos higromagmatofílicos passarão também para o líquido. O magma será, portanto, proporcionalmente menos rico em K e em álcalis (porque estes estarão diluídos, por assim dizer, com os outros elementos).

Por conseguinte : - se a taxa de fusão for baixa (5%): líquido rico em álcalis e alcalino-terrosos. Fala-se de magma alcalino.

Se a taxa de fusão for elevada (30%): líquido pobre em alcalinos. Fala-se de magma toleítico.

B. Cristalização fraccionada

A diferença no comportamento dos elementos químicos observada durante a fusão parcial é também observada quando o magma cristaliza à medida que arrefece.

Quando o magma sobe à superfície, pode permanecer nas câmaras magmáticas durante vários períodos de tempo, onde arrefece gradualmente e começa a cristalizar. Os primeiros minerais a formarem-se são os ferromagnesianos (Fe+Mg). Assim, o fluido magmático vai-se esgotando gradualmente em Fe e Mg! e, inversamente, o fluido vai-se enriquecendo gradualmente em Si e Al.

Assim, um magma inicial rico em Fe e Mg tornar-se-á gradualmente empobrecido nestes dois elementos e enriquecido em Si e Al à medida que o magma arrefece e se cristaliza fraccionariamente.

Este fenómeno é conhecido como "diferenciação magmática".

As rochas e os magmas são geralmente classificados de acordo com o seu teor de Si:

Rochas ácidas (magma) = SiO2 > 65% (exemplo: granito), (o magma sofreu uma forte diferenciação)

Rocha intermédia = 52% < SiO2 < 65

Rochas básicas = 45% < SiO2 < 52%: (exemplo: basalto)

Rochas ultrabásicas = SiO2 < 45% (por exemplo, peridotite no manto)

Feito isso, o granito resulta de um magma muito diferente, muito distante em termos de composição de um magma de origem mantélica. Como o magma sofreu uma diferenciação significativa, arrefeceu, pelo que a temperatura de um magma granítico não será muito elevada (700°C).

Os basaltos, por outro lado, são rochas básicas e, portanto, bastante "pobres" em sio2. O magma original sofreu pouca diferenciação e pouco arrefecimento. As lavas basálticas são muito mais quentes (1200°C), razão pela qual são muito fluidas e porque vemos fluxos fluidos tão bonitos no Havai.

5.3.4 Tipos de depósitos para rochas magmáticas

Um gabro e um basalto são duas rochas magmáticas que têm mais ou menos a mesma composição química. No entanto, no gabro, podem ver-se cristais milimétricos, enquanto no basalto quase não se vêem cristais nus (apenas alguns). Porquê esta diferença?

A partir de um mesmo magma, a textura (presença ou ausência de minerais visíveis a olho nu) da rocha obtida depende da velocidade de arrefecimento. Quanto mais lento for o arrefecimento, mais minerais se desenvolverão. Se, pelo contrário, a taxa de arrefecimento for elevada, os minerais não terão tempo de se formar e serão microscópicos. Se a taxa de arrefecimento for extrema (quando o magma encontra a água), não aparecem minerais cristalinos e a rocha assume uma estrutura dita "vítrea" (por exemplo, a obsidiana). Trata-se do fenómeno de arrefecimento.

Distinguiremos entre :

Rochas com uma textura granulosa em que todos os minerais são visíveis a olho nu e têm dimensões milimétricas,

Rochas com uma textura microgranulada, em que alguns minerais são visíveis a olho nu, mas a maior parte da rocha é constituída por minerais perfeitamente visíveis ao microscópio.

Rochas com uma textura vítrea, onde existem alguns cristais mas a maior parte da rocha está na forma de vidro (uma estrutura não ordenada de átomos, ao contrário dos cristais).

De que depende a velocidade de arrefecimento de um magma? Do contraste de temperatura entre o magma e o seu invólucro (o que está à sua volta). Portanto, depende do local onde o magma se cristaliza.

Se o magma arrefecer em profundidade (onde a temperatura ambiente é suficientemente elevada), o arrefecimento será lento e os minerais crescerão. A rocha resultante será uma rocha magmática "plutónica" com uma textura granulosa (por exemplo, granito, gabro).

Se o magma chegar à superfície ou muito perto dela, arrefece muito mais rapidamente porque a temperatura ambiente é mais baixa. A rocha resultante é uma rocha magmática "vulcânica", geralmente de textura microgranulada ou vítrea.

5.4 ROCHAS SEDIMENTARES

São rochas exógenas, ou seja, formadas à superfície da Terra, representando 5% da crusta em volume e cobrindo 75% da sua superfície. São muito variáveis porque a sua génese depende de vários factores: a natureza inicial dos materiais danificados e alterados, o tipo de alteração, o modo de transporte, o modo de deposição e os métodos de diagénese; todos os processos que transformam um sedimento solto numa rocha compacta e dura.

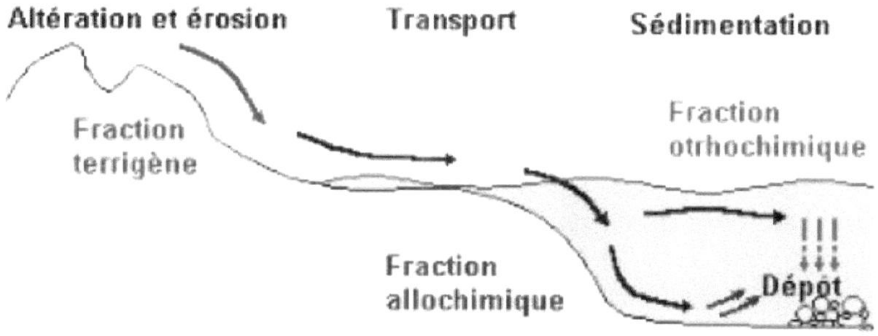

Fig. 5.3 *Sedimentação*

5.4.1 Origem dos componentes sedimentares

As partículas que formam as rochas sedimentares são o resultado de um ataque físico ou químico às formações continentais. Este ataque é conhecido como alteração.

A capacidade de alteração de uma rocha (alterabilidade) depende de um grande número de factores: natureza e composição da rocha, composição da água, temperatura, grau de fracturação da rocha, etc.

5.4.2 Alteração física (mecânica)

A meteorização mecânica das rochas por alteração física predomina em regiões marcadas por variações significativas de temperatura. A alternância entre congelação e descongelação provoca a fragmentação das rochas. A alteração física pode estar ligada à ação mecânica de organismos biológicos: crescimento de raízes, líquenes, musgos, bactérias, etc.

5.4.3 Alteração química

A sua ação é muito mais vasta do que a alteração física que acompanha frequentemente. As rochas que vêm à superfície, como o granito, são frequentemente formadas por minerais que se cristalizaram em profundidade, ou seja, a alta temperatura e alta pressão. Estas rochas foram trazidas à superfície pela erosão. Os minerais já não são, portanto, estáveis à pressão e à temperatura ambiente. Por conseguinte, tendem a desestabilizar-se para formar novos minerais, que estarão em equilíbrio nas condições da superfície. As rochas alternam-se assim para formar os solos.

O fenómeno essencial da alteração química é a hidrólise, ou seja, a subtração progressiva dos iões dos minerais pela água.

É evidente que a solubilidade dos minerais na água varia em função da natureza química dos minerais e das propriedades da água (t°C, pH, etc.).

A hidrólise pode ser descrita da seguinte forma:

Mineral primário (rocha) + solução de ataque (água fracamente carregada de iões) -->> mineral secundário (que formará os solos) + solução de lixiviação (água carregada de iões). Lembre-se: o quartzo é o mais estável de todos os silicatos.

5.4.3 Principais tipos de rochas sedimentares

Uma pequena parte dos produtos de alteração pode permanecer in situ e formar depósitos residuais (lateritas). Estes incluem elementos que não são facilmente transportados pela água, como o alumínio -> depósitos de Al = lateritas.

A maior parte dos produtos de alteração da superfície são transportados pelo vento, pela água, pelos glaciares, etc. .... para as partes afundadas dos continentes e depois para os mares e oceanos.

A acumulação de detritos no fundo do mar, dos rios ou dos lagos por sedimentação, transportados sob a forma sólida na água, dá origem a depósitos detríticos (também designados por depósitos clásticos ou terrigénicos) e depois a rochas detríticas após diagénese (por exemplo, areia (rocha) = areia compacta e consolidada).

O material colocado em solução durante a alteração química é transportado pelo sistema hídrico para lagos, mares e oceanos, onde pode

precipitar através de vários processos:
- diretamente por processos físico-químicos (evaporação da água e supersaturação de iões que conduzem à precipitação). Os depósitos associados são designados por depósitos químicos.
Trata-se de rochas sedimentares de origem química e, frequentemente, de rochas evaporíticas.
- graças à intervenção indireta de organismos vegetais que, fixando o CO_2, provocam a precipitação de carbonato ($CaCO_3$) ($2HCO_3^- + Ca^{2+} <-> CaCO_3 + CO_2 + H_2O$). Este facto dá origem a certos calcários lacustres.
- As substâncias em solução podem finalmente fixar-se nos esqueletos dos organismos vivos. Quando estes organismos morrem, as conchas ou esqueletos acumulam-se no fundo do mar e acabam por formar os chamados depósitos "organo-detríticos". É assim que se forma a maior parte dos calcários (calcário de concha, giz, etc.). Estas rochas sedimentares são conhecidas como bioquímicas.
Durante os processos de sedimentação, a matéria orgânica (animal ou vegetal) pode ser preservada nos depósitos e evoluir para formar turfa, carvão e todos os hidrocarbonetos (petróleo, gás).
As rochas sedimentares são dominadas pela fração detrítica: 86% das rochas sedimentares são detríticas, 14% são calcárias e 1% são todas as outras rochas.

5.4.4 **O ciclo dos sedimentos**

Em geologia, um ***ciclo sedimentar*** é uma repetição de sequências de rochas sedimentares. Corresponde frequentemente ao período entre uma transgressão e a regressão marinha que se lhe segue.
As etapas do ciclo são: ***alteração*** de uma rocha à superfície por agentes meteóricos, erosão, ***transporte*** dos produtos de alteração, ***sedimentação***, que resulta na formação de um sedimento, ***diagénese***, que transforma o sedimento em rocha sedimentar, e finalmente ***exumação da*** rocha à superfície, podendo o ciclo recomeçar.

Figura 5.4 *O ciclo dos sedimentos*

Distingue-se a sedimentação **marinha** (costeira, oceânica, batial, abissal, etc.), a sedimentação **lagunar** (em zonas separadas do mar por uma praia-barreira) e a sedimentação **continental** (eólica, fluvial, delta, lacustre, glaciar, etc.).

5.5 ROCHAS METAMÓRFICAS

O metamorfismo é a transformação de uma rocha no estado sólido em resultado de um aumento de temperatura e/ou pressão, envolvendo frequentemente a cristalização de novos minerais, conhecidos como neoformas, e a aquisição de texturas específicas (por exemplo, xistosite).

A rocha de partida pode ser qualquer rocha (magmática, sedimentar ou metamórfica).

As rochas metamórficas formam-se em zonas de intensa deformação da crosta terrestre: zonas de subducção, cadeias montanhosas, etc.

Exemplo:

Granito ^aumento de T e P -> calcário gnaisse->aumento de T e P -> mármore

PERGUNTAS DE REVISÃO SOBRE O CAPÍTULO 5

1. Quais são os 8 principais elementos químicos que constituem a crosta terrestre?
2. Explicar os termos: rocha, mineral, sedimento, cristalografia,
3. Indique os 8 tipos de silicatos existentes na crosta terrestre.
4. Indicar as propriedades físicas que são utilizadas para identificar um mineral.
5. O que é a granulometria?
6. Designa os 3 principais grupos de rochas de acordo com a sua formação.
7. Explicar o diagrama de Hjulotrom utilizando um diagrama.
8. Indique as 4 categorias de magma de acordo com o seu teor de silício.
9. Descrever as fases de sedimentação.
10. O que é uma rocha metamórfica? Dê dois exemplos.
11. O que é um ciclo sedimentar? Descreva as diferentes fases de um ciclo sedimentar.
12. Explicar as diferentes origens dos sedimentos.

CAPÍTULO 6

ESCALAS GEOLÓGICAS

6.1 O CALENDÁRIO GEOLÓGICO

Uma *escala de* tempo geológico é um sistema de classificação cronológica utilizado, sobretudo em geologia, para datar acontecimentos na história da Terra.

Em *grande escala*, três fenómenos geológicos mostram as mudanças sistemáticas que são essenciais para estabelecer uma cronologia do tempo geológico: a evolução da vida, o decaimento radioativo de isótopos instáveis e o paleomagnetismo de rochas e minerais.

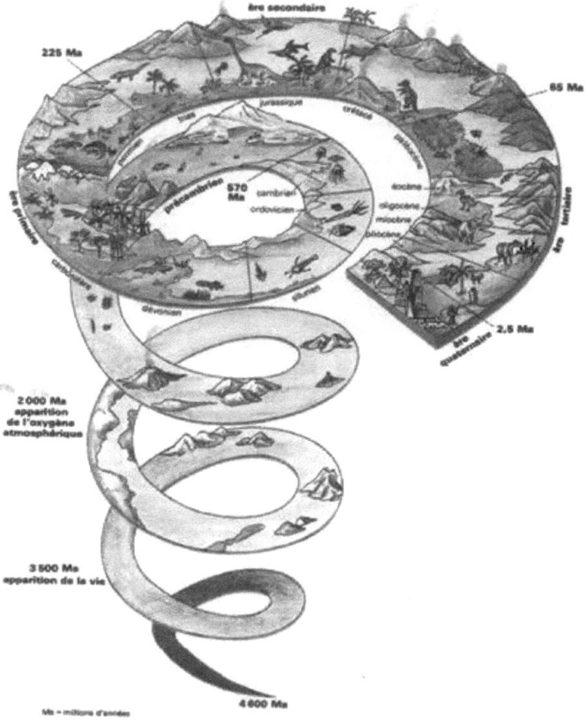

Figura 6.1 *O calendário geológico*

Albert ALOMBA, Introduction a la Geologie.

6.2 ESTRATIGRAFIA

Os fósseis de animais e a flora antiga permitem classificar cronologicamente as camadas terrestres que os contêm, o que se designa por estratigrafia.

A Terra formou-se ao mesmo tempo que o sistema solar no seu conjunto, há 5 ou 6 mil milhões de anos, a crosta sólida há cerca de 4 mil milhões de anos e os primeiros organismos vivos, que são os procariotas, ou seja, as algas azuis-verdes (cianofíceas) e as bactérias, apareceram há cerca de 3 mil milhões de anos. Estes primeiros fósseis conhecidos são microfósseis.

Os microfósseis são organismos fossilizados de pequenas dimensões (geralmente inferiores a um milímetro), que só podem ser observados com instrumentos adequados, como os microscópios electrónicos. Diferem dos macrofósseis, que podem ser observados a olho nu.

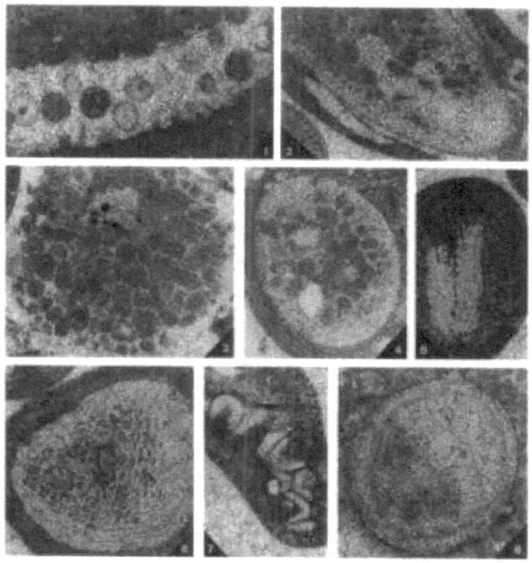

Figura 6.2 *Microfósseis*

6.3 DIVISÕES DO TEMPO GEOLÓGICO

Os tempos geológicos são os nomes dados a diferentes períodos da história do nosso planeta, que começou há mais de 4,5 mil milhões de anos. Estes períodos formam uma escala, conhecida como escala do tempo geológico.

Quadro 6.1 *Tempo geológico*

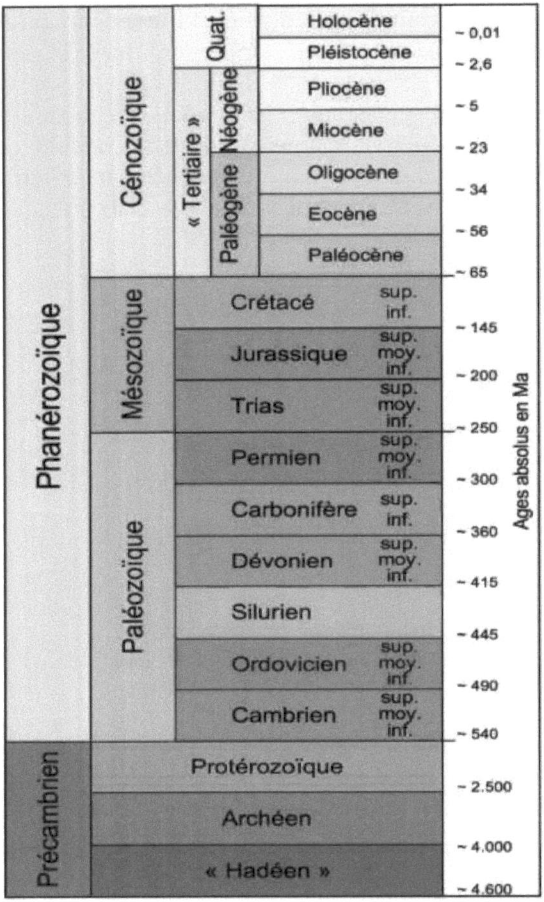

Esta escala é o resultado do trabalho de muitos cientistas que estão a trabalhar, em particular, para datar os fósseis encontrados na Terra. Tradicionalmente, a história da Terra era dividida em quatro eras, denominadas Primária, Secundária, Terciária e Quaternária. A escala de tempo utilizada atualmente é um pouco mais complicada, quanto mais não seja devido às palavras utilizadas. Mas é mais útil para fins científicos. A história da Terra está dividida em éons, eles próprios divididos em eras, divididos em períodos, divididos em épocas, divididos em etapas.

Eis as subdivisões actuais do tempo geológico:

Aeon: são quatro, o Hadeen (criação da Terra e dos oceanos), o Archeen (aparecimento da vida simples), o Proterozoico e o Fanerozoico, que começa no Cambriano e continua até aos nossos dias. As eras Hadeana, Arqueana e Proterozóica constituem o Pré-Cambriano, enquanto as eras Primária, Secundária, Terciária e Quaternária formam o Fanerozoico (ver

Tabela 6.1).

Eras: são dez. Sete estão no Pré-cambriano, três no Fanerozoico e a última, a nossa era, no Cenozoico. Já não usamos os nomes das antigas eras (usadas nos séculos XIX e XX) chamadas Era Primária (o Paleozoico), a Era Secundária (o Mesozoico, a era dos dinossauros), a Era Terciária (o Cenozoico) e a Era Quaternária (que se tornou parte integrante do Cenozoico).

Período: por exemplo, o nosso: o Quaternário.

Era: a nossa é o Holoceno.

Chão.

Quadro 6.2 *Cronologia do mundo vivo*

ERES GEOLÓGICO	PERÍODOS	IDADES/ 10^6 ANOS	LINHAS ANIMAIS	LIIGNEES PLANTAS
Quaternário ou ANTROPOZÓICO	Holoceno Pleistoceno	3,3	Homens	
Terciário ou CENOZÓICO	Plioceno Mioceno Oligoceno Eoceno Paleoceno	65	Mamíferos actuais	
Secundário ou MESOZÓICO	Cretáceo	136		Angiospérmicas
	Jurássico	150	Aves primitivas	
	Triássico	225	Mamíferos arcaicos	
Primário ou PALEOZÓICO	Permiano	280		Gimnospérmicas
	Carbonífero	345	Primeiros répteis insectos	
	Devoniano	395	Anfíbios	Fougeres Cogumelos
	Siluriano	430	Venenos arcaicos	Espumas
	Ordovícico	500	Agnatas	
	Cambriano	570	Prevertebres	
PRECAMBRIEN			Crustáceos Moluscos Equinodermes Anelídeos Crelenteres Esponjas Protozoários	Algas eucarióticas

Neste quadro, o Quaternário é considerado como uma era geológica de pleno direito, e o Pleistoceno e o Holoceno como períodos geológicos das Eras Quaternária ou Antropozóica.

6.3 O BONOBO OU CHIMPANZÉ

O Bonobo, Chimpanzé Anão ou Chimpanzé Pigmeu é uma espécie de primata da família dos Hominídeos. Semelhante ao chimpanzé comum, difere principalmente na sua organização social, que se baseia nas relações sexuais e num bode expiatório para resolver os conflitos no seio do grupo.

Figura 6.3 *O bonobo ou chimpanzé pigmeu*

6.3.1 Posição sistemática do Bonobo

O Bonobo, Chimpanzé Anão ou Chimpanzé Pigmeu (*Pan paniscus*) é uma espécie de primata da família dos Hominídeos. Está estreitamente relacionado com o chimpanzé comum ou *Pan troglodytes*.

Regne :	Animália
Ramo :	Chordata
Classe :	Mamíferos
Encomendar :	Primatas
Família :	Hominídeos
Género :	Panela
Espécies :	*Pan paniscu*

6.3.2 Algumas caraterísticas

Sem cauda, o bonobo tem um corpo esguio, braços longos e poderosos, um pescoço curto e orelhas grandes e redondas. O seu rosto achatado apresenta dois olhos salientes, narinas profundas e lábios cor-de-rosa proeminentes.

Esperança de vida: 40 anos (em cativeiro)

Período de gestação: 240 dias

Tamanho: 1,2 m (adulto)

Estado de conservação : Em perigo (Em vias de extinção) Encyclopedie de la Vie

Peso: 34 - 60 kg (Homem, Adulto), 30 kg (Mulher, Adulto)

Comprimento: 70 - 83 cm (de quatro, do nariz à cauda).

A fêmea bonobo gosta de... mostrar o rabo para ficar bonita, enquanto a fêmea bonobo não tem problemas em revelar as suas partes íntimas.

O ADN dos bonobos é 98,7% idêntico ao ADN humano.

São adeptos do "sexo convivial", cujo objetivo é sobretudo social. Estas uniões destinam-se a resolver conflitos, por exemplo, apaziguando um indivíduo agressivo ou em caso de rivalidade entre dois membros da comunidade.

Enquanto o chimpanzé comum pode ser encontrado num grande número de países africanos, o mesmo não acontece com o bonobo, que vive exclusivamente na República Democrática do Congo. Onde a espécie é endémica.

O próprio nome "bonobo" deriva da cidade de Bolobo, nas margens do rio Congo. Foi aqui que os primeiros bonobos foram observados e capturados em 1920.

Nos últimos 30 anos, a desflorestação reduziu consideravelmente o seu habitat e o bonobo é uma espécie em vias de extinção. Atualmente, existem apenas 20.000 bonobos na natureza.

A comunidade bonobo, uma sociedade matriarcal Ao contrário do seu primo chimpanzé.

As fêmeas são também muito solidárias e passam muito tempo juntas. Elas têm todo o poder e não hesitam em unir forças para impor as suas regras e corrigir os machos, se necessário.

6.4 AS CARACTERÍSTICAS ESPECIAIS DO HOMEM

A anatomia e a fisiologia do homem são próximas das dos primatas antropóides: orangotango, chimpanzé e gorila. Mas difere deles em muitos aspectos que é impossível enumerar aqui, por exemplo:

- Uma posição vertical perfeita.
- Um lifting facial.
- Três vezes a capacidade craniana dos actuais antropoides.
- Extrema mobilidade na mão, com um polegar que pode ser encostado aos outros dedos...

O homem distingue-se dos primatas antropóides em muitos outros aspectos psicológicos e sociológicos. Em primeiro lugar, a capacidade de *criar utensílios*. Estas ferramentas acompanham sempre os restos humanos e permitem-nos avaliar o estado de *hominização*.

6.5 OS PRÉ-HUMANOS

O homem não descende do macaco, os antropoides e os humanos são ramos distintos. A opinião geral dos especialistas é que a origem da linhagem que conduziu ao homem é muito antiga, remontando à segunda metade da Era Terciária, há cerca de 20 a 10 milhões de anos.

É claro que não sabemos o que era o homem terciário, mas os grandes primatas terciários são muito mais parecidos com o homem do que com os antropoides actuais. Este grande primata, chamado Oreopithecus, tinha caraterísticas humanóides (dentição, pélvis, bípede...) mas não era um ser humano,

pélvis, bípede...), mas provavelmente representa apenas um pequeno ramo paralelo ao ramo humano.

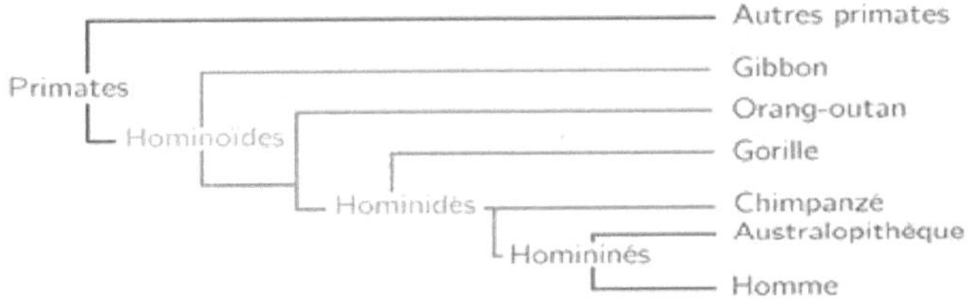

Outros primatas
Gibão Orangotango Gorila
Chimpanzé Australopithecus
Homens

Figura 6.4 *A evolução da paleontologia dos primatas*

6.6 FASES DA HOMINIZAÇÃO

A. Australopithecus e *Homo habilis*

Os fósseis mais antigos pertencentes à linha humanoide foram encontrados no extremo oriental de África, primeiro no sul, daí o nome Australopithecus, e depois, mais recentemente, no Quénia, na Tanzânia e na Etiópia.

No seu conjunto, existem duas formas básicas de Australopithecans: a chamada forma gracile (sem creta sagital) e os Paranthropes (Paranthropes sul-africanos, Zinjanthropes tanzanianos, mandíbulas etíopes), todos com creta sagital.

[3]Os australopitecos possuem ainda algumas caraterísticas símias, nomeadamente um pequeno volume cerebral, entre 400 e 600 cm, e uma face prognata, mas todas estas caraterísticas são menos acentuadas do que nos antropóides.

Por outras palavras, os australopitecos eram humanos: o orifício occipital estava no plano vertical, os dentes eram humanóides e conseguiam manter-se de pé.

Além disso, os australopitecos já tinham uma indústria lítica rudimentar. Eles também usavam ossos para fazer ferramentas.

São conhecidas quatro espécies de Australopithecus:

- *Australopithecus afarensis* ou Pré-australopithecus

Conhecido desde: 5 MA, mais recente: 2.7 MA
Tamanho: 1,10 a 1,30 m
Volume craniano: 300 a 400 cm3
Bipede
Localização: África

- *Australopithecus africanus*

Conhecido desde 3 MA, mais recente: 2.2 MA
Altura: 1,30 m
Volume craniano: 400 a 600 cm^3

Bipede
Localização: África
- Duas outras espécies: *Australopithecus boisei* e *Australopithecus robustus.*
Nas mesmas jazidas que o Australopithecus, foram descobertos fósseis de um tipo humano antigo, associados a ferramentas cortadas em seixos. Estes fósseis representam provavelmente a forma mais antiga do género Homo, datando de 2 a 1,4 milhões de anos. A presença destas ferramentas antigas valeu a este tipo de hominídeo o nome Homo *habilis*.
Caraterísticas do homem habilidoso ou *Homo habilis* :
- Conhecido desde: 2MA, mais recente: 1.5 MA
- Altura: 1,20 m
- Volume craniano: 600 a 770 cm^3
- Primeiras ferramentas: rolos ajustados
- Localização: África Oriental

Todos os investigadores concordam que os *Australopitecos* pertencem à linhagem humana. Juntamente com o *Homo habilis*, eles representam a primeira fase da hominização.
Esta fase muito longínqua é ainda relativamente mal compreendida e é objeto de muitos debates. Por outro lado, sabemos mais sobre os hominídeos que viveram entre 1 e 1,3 milhões de anos atrás.
Para simplificar, distinguimos 3 fases sucessivas na formação do homem moderno: os Pithecanthropians, os Neanderthals e o *Homo sapiens*.
B. Pithecanthrope ou *Homo erectus*
Estes pitecantropos incluem os pitecantropos de Java, os sinantropos de Pekin e Shensis (China), os atlantropos de Ternifere perto de Oran, os homens de Rabat e Casablanca, os telantropos da África do Sul, alguns homens de Oldoway (Tanzânia) e os chadantropos.
Caracterizam-se pelos seguintes elementos:
- Conhecido desde 1,6 milhões de anos atrás, mais recente: 150.000 anos atrás
- Aumento do volume craniano de cerca de 800 a 1200 cm^3
- Ferramentas de pedra bifaciais e..,
- A conquista do fogo.
- Localização: África, Europa e Ásia (China).

Os pitecantropos distinguem-se dos humanos modernos principalmente pelas mandíbulas mais poderosas e pelo volume craniano mais pequeno.
C. Neandertais ou *Homo sapiens Neanderthalensis*
Os neandertais representam um estádio evolutivo muito mais recente do que os pitecantropos. Apareceram na Eurásia durante a última glaciação do WURN, há cerca de 70.000 anos.
[3]Não tinha mais de 1,55 m de altura, com um crânio muito maior do que o *do Homo sapiens*: cerca de 1600 cm. Os utensílios de sílex foram

aperfeiçoados e diversificados. Alguns esqueletos foram enterrados intencionalmente, a primeira evidência conhecida de sepultura.

D. Homem atual ou *Homo sapiens sapiens*

Esta é a posição sistemática do homem atual:

Regne :	Animália
Ramo :	Chordata
Classe :	Mamíferos
Encomendas :	Primatas
Família :	Hominídeos
Género :	Homo
Espécies :	*Homo sapiens sapiens*

É conhecido como o homem moderno e existiu há 100.000 anos. Localização, a nível mundial. [33]O seu crânio (1300 a 1500 cm) é diferente do crânio do tipo Cro-Magnon (1600 a 1700 cm).

Os utensílios tinham feito grandes progressos, mas a vida sedentária só começou com a agricultura no período Neolítico.

Em conclusão, todas estas formas humanas se encaixam tão perfeitamente que os autores não estão de acordo quanto à natureza dos primatas da linha humana.

Estas etapas da evolução humana não correspondem a uma linha única e simples; pelo contrário, os Australopithecus, os Pithecanthropes e os Neandertais formam um bosque de ramos que tendem para três etapas estruturais.

Figura 6.5 *As fases da hominização*

A hominização ocorreu em várias partes do mundo, produzindo vários ramos diferentes, dos quais apenas um persistiu, evoluindo para o homem atual, porque, para os biólogos, toda a espécie humana atual provém de uma única linha, de um único antepassado comum: é o monogenismo, que se opõe ao poligenismo.

6.5 AS GRANDES INDÚSTRIAS DO TEMPO GEOLÓGICO

Paralelamente à evolução biológica, a hominização caracteriza-se pela criação e utilização de ferramentas. As ferramentas descobertas nos sítios pré-históricos revelam a utilização de tecnologias cada vez mais sofisticadas.

Alguns macacos utilizam pedras e paus para se defenderem ou para obterem alimentos. Mas o homem é o único a saber fabricar sistematicamente diferentes tipos de ferramentas para um fim específico e a poder aperfeiçoar a sua tecnologia.

As ferramentas utilizadas pelo homem pré-histórico serviam para matar e abater animais, cortar e raspar peles, cortar plantas, etc.

A matéria-prima utilizada para o fabrico destes utensílios é essencialmente o sílex.

A Idade da Pedra divide-se em três períodos: o Paleolítico (pedra antiga), o Mesolítico (período intermédio) e o Neolítico (pedra recente, correspondente à técnica da pedra polida).

O quadro seguinte apresenta as principais etapas da utilização da pedra paleolítica.

O Neolítico representa um ponto de viragem decisivo na história da humanidade. Assistiu-se ao aparecimento de ferramentas de pedra polida, à primeira utilização de metais e ao início da criação de animais e da agricultura.

Quadro 6.3 *As principais etapas da utilização da pedra paleolítica*

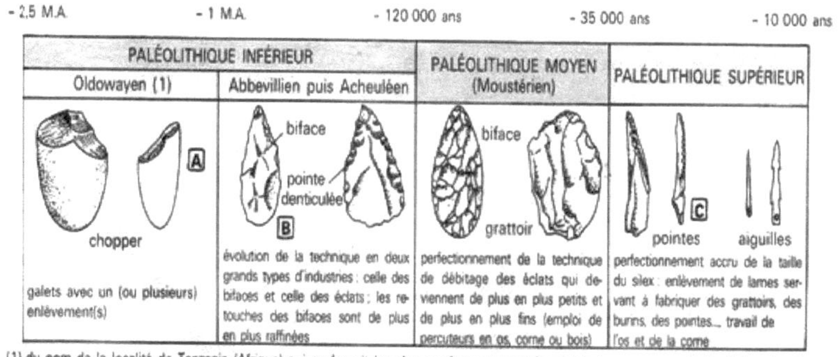

(1) du nom de la localité de Tanzanie (Afrique) qui en fournit les plus nombreux exemplaires (période encore appelée "pebble culture")

Em suma, as ferramentas tornaram-se cada vez mais sofisticadas ao longo do tempo. Inicialmente feitas de pedra (seixos rolados, bifaces e per^oir de sílex no período paleolítico), foram mais tarde moldadas a partir de uma variedade de materiais (osso, madeira e, mais recentemente, metais).

PERGUNTAS DE REVISÃO SOBRE O CAPÍTULO 6

1. Definir estes conceitos: paleontologia, estratigrafia, fóssil, microfóssil, fóssil de fácies, escala de tempo geológico.
2. Qual é a atual subdivisão do tempo geológico?
3. Descrever as caraterísticas do Bonobo.
4. Cite algumas caraterísticas que distinguem os seres humanos dos outros primatas.
5. Quais são as principais fases da hominização? Indique as caraterísticas de cada uma das principais fases da hominização.
6. Descrever as principais etapas da utilização da pedra paleolítica e mostrar a evolução da técnica ao longo do tempo.

REFERÊNCIAS BIBLIOGRÁFICAS

Boden J.-P. al., *1988. Biologie Geologie.* Estreia da coleção S Tavernier. Paris, Bordas, 352p.

Boden J.-P. al., *1993. Sciences de la Vie et de la Terre*. Estreia da coleção S Tavernier-Lizeaux. Paris, Bordas, 400p.

BOILLOT G., HUCHON P. e LAGABRILLE Y. 2020. *Introduction a la geologie, dynamique de la terre.* 5eme edition. Paris, Dunod, 252p.

DAJOZ R., 1970. *Precis d'ecologie*. Paris, Dunod, 357p.

DUVIGNAU P., 1974. *La synthese ecologique*. Paris, Doin, 296p.

FREDERICK K. LUTEGENS e EDWARD J. TARBUCH, 2016. *Fundamentos de geologia.* 13ª edição. Nova Iorque, Pessoa, 609p.

JOHN P. RAFFERT, 2012. *Geologicalsciences*. Nova Iorque, Britannica, 226p.

KATABANA J.-P., 1991. *Geologia do Engenheiro*. Notas de curso. Inedites. Universidade de Butare, 175p.

MICHAEL L. CAN, HANS DRAMMAN, ROBERT A. LUE e CAROL KAESUK YOON, 2006. *À descoberta da biologia*. 2ª edição. Bruxelles, Editions De Boeck Universite, 727 p., glossário e índice. Adaptação francesa por Ana PERSIC, Helene ROCHER e Rachel VINCENT.

NEIL A. CAMPBELL e JANE B. REECE, 2007. *Biologia*. 3ª edição. Quebeque, Editions du Renouveau Pedagogique, 1334 páginas e apêndices. Adaptação francesa por René Lechaine e Michel Bosset.

PEYCRU P. et al. 2008. *Geologie*. Paris, Dunod, 658p.

POTY E., 2013. *Geologie*. Departement de l'Universite de Liege, 150p.

SOREL D. e VERGELY P., 2018. *Atlas d'initiation aux cartes et coupes geologiques*. 4eme edition. Paris, Dunod, 128p.

NEIL A. CAMPBELL e JANE B. REECE, 2007. *Biologia.* 3ª edição. Quebeque, Editions du Renouveau Pedagogique, 1334 páginas e apêndices. Adaptação francesa por René Lechaine e Michel Bosset.

MICHAEL L. CAN, HANS DRAMMAN, ROBERT A. LUE e CAROL KAESUK YOON, 2006. *À descoberta da biologia*. 2ª edição. Bruxelles, Editions De Boeck Universite, 727 p., glossário e índice. Adaptação francesa por Ana PERSIC, Helene ROCHER e Rachel VINCENT.

ALGUNS SÍTIOS WEB CONSULTADOS

Philippe DUCHAUFOUR, "HUMUS", Encyclopedia Universalis [em linha], URL: https://www.universalis.fr/encyclopedie/humus/ consultado em 4 de dezembro de 2022.

URL: https://photo.geo.fr/15-volcans-parmi-les-plus-dangereux-au-monde- 50964#le-krakatoa-indonesie-d1que Acedido em 30 de novembro de 2022.

APÊNDICES

DADOS ASTRONÓMICOS

(Fonte: IMCCE)

Períodos da revolução sideral da Lua em torno da Terra e da sua própria rotação: 27d 7h 43min = 27,321d.

^{24}Massa da Lua: ML= 0,074x10 kg = 0,012 MT

Raio lunar médio: 1,740km.

Distância média Terra-Lua: 384 400 km

^{30}Massa do sol =1,9889 x 10 = 333,948MT.

^{6}Raio do Sol =0,696 X 10 km.

^{6}Distância Terra-Sol = 149,6 X 10 km = 1 A.U.

Distância do Sol à cintura de asteróides = 2-3 U.A.

DADOS DE CONTACTO DO AUTOR

Albert ALOMBA A. Professor de biologia e química no Groupe Scolaire Consulaire Congolais em Kigali.
Telefones: +250 788 540 257 ou +250 738 540 257
Endereços electrónicos: alomba2@gmail.com ou alomba2@yahoo.fr

MIX
Papier aus verantwortungsvollen Quellen
Paper from responsible sources
FSC® C105338

Printed by Books on Demand GmbH, Norderstedt / Germany